青少年成长必读

U0743373

科学真奇妙丛书

奇异的
植物天地

彩图版

李剑桥◎主编

天津出版传媒集团

天津科学技术出版社

图书在版编目（ＣＩＰ）数据

奇异的植物天地 / 李剑桥主编. —天津：天津科学技术
出版社，2012.4（2019.6 重印）

（青少年成长必读·科学真奇妙丛书）

ISBN 978-7-5308-6897-3

Ⅰ.①奇… Ⅱ.①李… Ⅲ.①植物—青年读物②植物—少年
读物 Ⅳ.①Q94-49

中国版本图书馆CIP数据核字（2012）第052605号

奇异的植物天地

QIYI DE ZHIWU TIANDI

责任编辑：郑　新

出　　版：**天津出版传媒集团**
　　　　　　天津科学技术出版社

地　　址：天津市西康路35号

邮　　编：300051

电　　话：（022）23332674

网　　址：www.tjkjcbs.com.cn

发　　行：新华书店经销

印　　刷：三河市燕春印务有限公司

开本 700×1000mm 1/16　　印张 9　　字数 150 000

2019 年 6 月第 1 版第 3 次印刷

定价:29.80 元

前言

FOREWORD

从杳无人烟的荒漠到碧波荡漾的大海，从万里冰封的两极到炽热无比的火山口，处处都有植物的影踪。可以想象，植物的世界是多么广阔和多彩！正是它们把我们的地球家园装扮得美丽、富饶，充满生机。而形态各异的叶子，千姿百态的花朵，高低不同的枝茎——植物的这些特征也都是在数亿年的进化中得到的，它们经受住重重考验，一直发展到今天，成为地球上最绚丽的颜色。

在这个妙趣横生的植物世界里，有的身材高大，根深叶茂；有的身体微小，游离不定；有的美丽迷人却富含毒性；有的互利共生，相依为命；有的损人利己，杀人不眨眼；有的生活在森林中潮湿的水边，专门捕捉飞来飞去的昆虫为食物……

不仅如此，植物界还存在着无尽的知识和奥秘，假如你有兴趣，就请一起来吧！本书以活泼生动的语言和精彩纷呈的图片向读者全方位展示了有关植物世界的100个奥秘知识，有趣、实用、丰富。

相信你一定会不虚此行！

目录 CONTENTS

植物的骨架——茎

茎是维管植物地上部分的骨干，上面生着叶、花和果实，它就好比人体内的骨架一样，能撑起植物的身体。茎还具有输导营养物质和水分的作用，有的茎还具有光合作用、贮藏营养物质和繁殖的功能。

地上茎

大部分植物的茎部都在地面上生长，长在地面上的茎叫做地上茎。根据地上茎的生长习性和生长方向的不同，可以分为直立茎、缠绕茎、攀援茎和匍匐茎。这四种茎都能向高处和宽处生长，使叶片展示在阳光下。

▶仙人掌的茎有代替叶片的特殊功能，因为它的茎表面含有叶绿素，能够进行光合作用，制造养分。

● 葡萄的攀援茎

攀援茎

有一种茎既不能直立，也不能缠绕在别的物体上，它的茎必须借助特有的物体，附着着向上生长，比如葡萄、爬山虎、豌豆、常春藤等。

❇ 空心茎

有些植物的茎中间部分退化，是空心的，如小麦、竹子、芦苇等。空心的茎不但有利于通气，而且还能把更多的营养让给茎边上的细胞吸收，让它们更强壮，不容易折断。

❇ 草莓的匍匐茎

草莓的茎喜欢趴在地面上生长，这种茎叫做"匍匐茎"，它能在爬行过程中不断长出新的根，扎入到土壤中，很快长出一棵新的植物。所以，我们平常看到的草莓总是成片出现的。

🔺草莓的茎是匍匐茎

❇ 牵牛花的缠绕茎

有一种不能直立的茎，是以螺旋的方式缠绕着其他物体向上生长的，这叫缠绕茎。比如牵牛花的茎，它总是一圈圈地缠绕着树干或竹竿向上爬，如果失去了支撑物，它就不能生长。

知识小笔记

你知道吗?许多植物的茎或茎皮可以作为药材，比如麻黄、桂枝、黄连、半夏等。

植物的运输通道——茎

植物的茎大多数笔直地挺立在地面上,茎枝上长着叶子、花朵和果实,在支撑植物的同时,也充当着根和叶的运输通道,但有些植物的茎因为生长的需要发生了变异,形状变得让人难以辨认,同时还具有了新的功能,这样的茎叫做"变态茎"。

块 茎

块茎是地下变态茎的一种,呈圆滚滚的块状个头,有发达的薄壁组织,能贮藏丰富的营养物质,块茎的表面有许多芽眼,比如马铃薯、山芋等都是块茎的一种。

▲ 马铃薯的块茎

洋 葱

洋葱的茎属于鳞茎,它的四周有许多肥厚的肉质鳞片叶子,仿佛人们身上的衣服一样,层层紧包。这些鳞片叶不但可以保护鳞茎内部的幼芽,还能储藏养料。

▲ 洋葱发芽

● 洋葱的鳞茎

鳞茎

生长在地下的鳞茎是变态茎的一种，呈现为球形体或扁球形体，由肥厚的鳞片层层包裹构成。洋葱、蒜头、水仙、百合等都属于鳞茎。

> **知识小笔记**
>
> 大部分地下茎因为含有丰富的养料，常被用来食用，如荷花的根茎藕、洋葱的鳞茎、土豆的块茎等。

● 竹子的地上茎

竹子的地上茎与地下茎

长在地面的竹竿就是竹子的茎，这是它的地上茎。竹子还有一种长在泥土中的地下茎，叫做"竹鞭"，因为竹鞭有着根的形状，所以竹子的地下茎属于根状茎。

● 藕的通气孔

藕——荷花的地下茎

藕是荷花的地下茎，它像根一样长在淤泥里。藕里面有十多个长长的空心圆孔，这是藕的通气孔，因为它在水下淤泥中缺少空气，有了通气孔，就能把叶子吸来的空气送往茎的各个部分了。

植物的"绿色工厂"——叶

叶子能通过叶绿色素把太阳的能量和空气中的二氧化碳气体转化成营养供植物吸收,还能储存营养,供人类和动物利用,所以被人们称为植物的"绿色工厂"。

叶子的结构

叶子由表皮、叶肉和叶脉三部分组成。如果我们把叶子比做一个绿色工厂,叶片的上下表皮就是工厂的围墙;叶肉就等于是厂里的生产车间,而在车间里起重要作用的就是叶绿体;叶脉是工厂里的传输系统。这三大部分相互配合,让叶子在植物上正常工作。

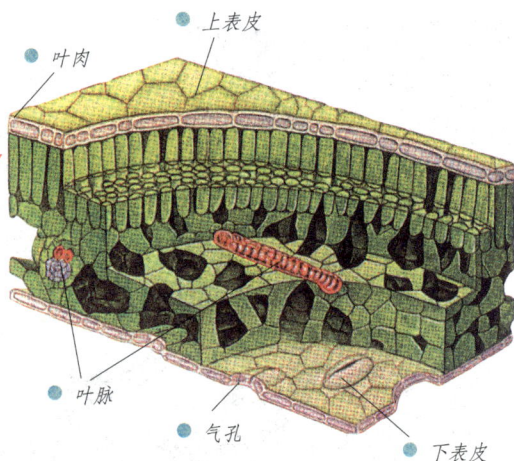

● 叶肉
● 上表皮
● 叶脉
● 气孔
● 下表皮

叶片吐水

清晨,我们常常能见到许多植物的尖端或者边缘垂挂着一颗颗晶莹的水珠,其实这并不是露水,它们是从植物的叶片内分泌出来的液体,科学家把这种现象称为吐水。

● 喷洒到叶片上的肥料或者农药有一部分也会通过气孔进入植物体内

● 柑橘的叶,形似单叶,但其叶柄与叶片之间有关节,称为"单身复叶"

叶子的不同形态

就像人的长相各不相同一样，植物的叶子也有各种各样的形状，如鳞形、披针形、卵形、圆形、镰形、菱形、匙形、扇形等。世界上找不出两片完全相同的叶子。

知识小笔记

在适应各种生活环境的过程中，一些植物的叶子发生了变态，最典型的是沙漠中的仙人掌植物，为了保存体内的水分，节制蒸腾作用，它们的叶子退化成了细小的针状叶。

会"爬"的叶子

豌豆是我们常吃的蔬菜，它的叶子很普通，但有趣的是，豌豆叶子前端的几片小叶变成了卷须，豌豆就是靠这样的卷须，顺着其他物体的身体向上攀爬生长的。

叶片上的气孔

如果把叶子拿到显微镜下观察，就会看到上面有许多微小的孔隙，这些就是植物的气孔。气孔是植物与外界进行气体交换的通道，同时也是体内水分蒸发的出口。

▲ 会"爬"的豌豆叶子

美丽的外衣——花

许多植物都会开出鲜艳、芳香的花朵，不仅如此，它还肩负着植物传宗接代的重要任务，植物开花的目的正是为了繁衍后代，产生种子。

花的结构

花有很多种，但大体结构都是相同的，主要由花瓣和花蕊组成。其中，花蕊包括雄蕊和雌蕊，雄蕊上带有花粉，雌蕊包括柱头、花柱和子房三部分。其中位于雌蕊顶部的柱头，是用来承受花粉的；花柱是花粉进入子房的通道；子房则是产生种子的地方。

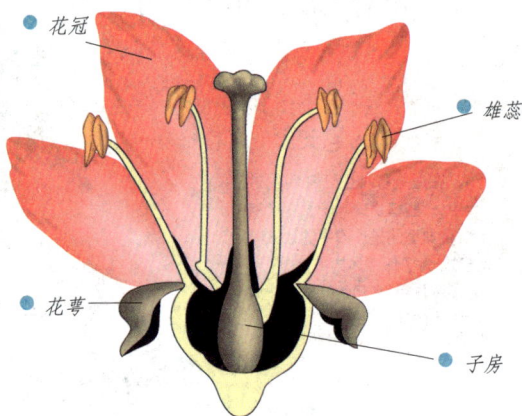

花冠

雄蕊

花萼

子房

雄蕊和雌蕊

成熟的雄蕊能产生花粉和精子，而成熟的雌蕊中的胚珠里有卵细胞。它们经过传粉和受精，才会发育出胚，成长为新一代的植物。

花粉的传播

花粉的传播方式很多，但都要借助外面的媒介力量来帮忙。有些是通过蝴蝶、蜜蜂等昆虫来传播花粉，这样的花叫做"虫媒花"；有些利用风来传播，称为"风媒花"；还有些靠水来传播花粉的"水媒花"。

◆ 杨树的花瓣已经退化，雄蕊几乎全部暴露在风中，它借助风力传播花粉，能减少许多阻碍。

◆ 勤劳的小蜜蜂常常穿梭在花丛中，帮助植物传粉。

健康食品——花粉

花粉的营养价值很高，富含丰富的蛋白质、碳水化合物、维生素、氨基酸等多种物质，它的蛋白质含量超过大豆，氨基酸含量是牛肉的5～7倍。

广泛的用途

美丽的花朵与人们的日常生活息息相关，处处显出自己的价值。比如宜人的花香能使人心情愉快，还可以抑制某些菌类的生长；花中的蛋白质、维生素等含量很高，食用极有营养，还有美容护肤的作用。此外，漂亮的鲜花还可送人，表达温馨的祝愿。

知识小笔记

一株植物可以开一朵或许多花，如果许多小花按照一定顺序排列在花枝上，就叫做花序。

植物的奉献——果实

水果是我们最常食用的果实，它富含丰富的维生素和多种必需的微量元素。果实是植物的花经过传粉受精后，由雌蕊的某一部分发育而成的器官。果实的外表，通常由果皮包裹，在果皮里面，则是用来传宗接代的种子。

果实的来源

果实是由植物的子房发育而成的，植物的种子就藏在里面，所以植物的子房其实是专门保护种子的。

知识小笔记

蒲公英的果实上有一丛蓬松的白绒毛，有风的时候，这些好比降落伞的果实就会被吹散到四面八方。

果实的结构

一棵成熟的果实一般分为三层，最外面一层是外果皮，例如桃子皮、苹果皮等；中间一层叫中果皮，就是肥美多汁的果肉；最里面一层是内果皮，其实就是坚硬的核。而种子就藏在核里面。

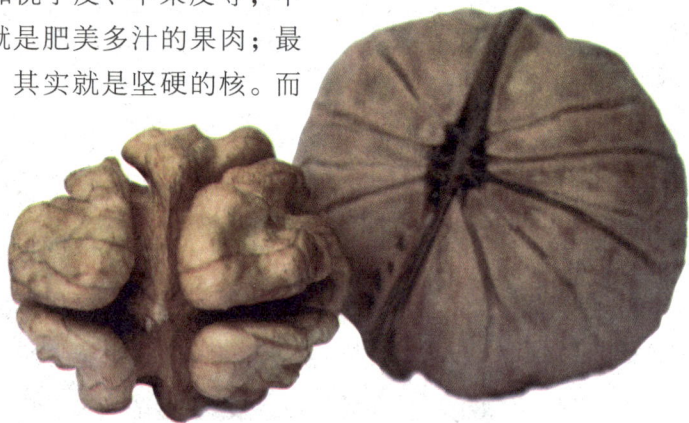

多样的果实

果实是各种各样的，有的果肉很厚，果汁很多，我们叫它浆果，比如草莓等；有的果实外面是由皱巴巴的核包裹起来的，叫做核果，比如核桃等；有的果实是由许多小果实紧紧挤在一起的，称为"颖果"，比如我们经常吃的玉米。

可以嫁接的果实

一般来说，一棵树只能结一种果实，但果实是可以嫁接的，如果把一种果树的树枝嫁接到另一种果树上，它就能结出不同的果实。

单　果

多数植物的花只有一个雌蕊，形成一个果实，所以称为单果。单果又分为肉质果和干果。常见的肉质果有番茄、柑橘、西瓜和猕猴桃等；常见的干果有豌豆、玉米、向日葵和板栗等。

生命的延续——种子

种子肩负着植物传宗接代的重任,所以被誉为植物的"命根子"。种子由胚、胚乳和种皮组成,它是储存养料最丰富的地方,含有淀粉、糖类、蛋白质、脂肪、维生素和矿物质等。

种子的寿命

种子的寿命一般都不长,一颗种子如果能活到15年以上,就已经算是很长寿的了。

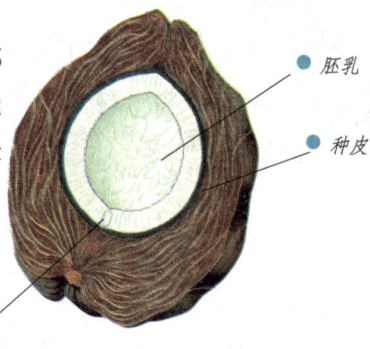

胚乳
种皮
胚

种子的结构

种子的结构分为三层,最外面的一层是对种子起保护作用的种皮;中间一层是储存能量物质的胚乳;最里面一层是可以发芽长大的胚。

种子的"营养仓库"

胚乳为胚的成长发育提供必需的营养物质,是种子的"营养仓库"。不过,并不是所有的植物都有胚乳,有的植物种子是用一个叫"子叶"的器官来代替胚乳的,如蚕豆。

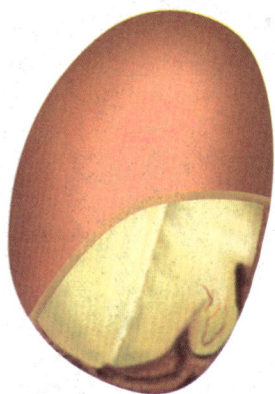

最大的种子

塞舌尔是非洲东部一个风光旖旎的岛国，岛上有一种身躯高大的复椰子树，它高 15~20 米，直径 30 厘米，它的种子直径约 50 厘米，最大的可重达 15 千克，复椰子树的种子是世界上最大的种子。

→刚萌发的种子，幼根向下伸向泥土，渐渐长成一棵嫩绿的幼苗，去接受阳光的洗礼。

自立的种子

跟许多植物种子不同，凤仙花种子的传播是完全依靠自身的力量来完成的。当它们成熟后，就会自动炸裂，把里面的种子弹射出去。

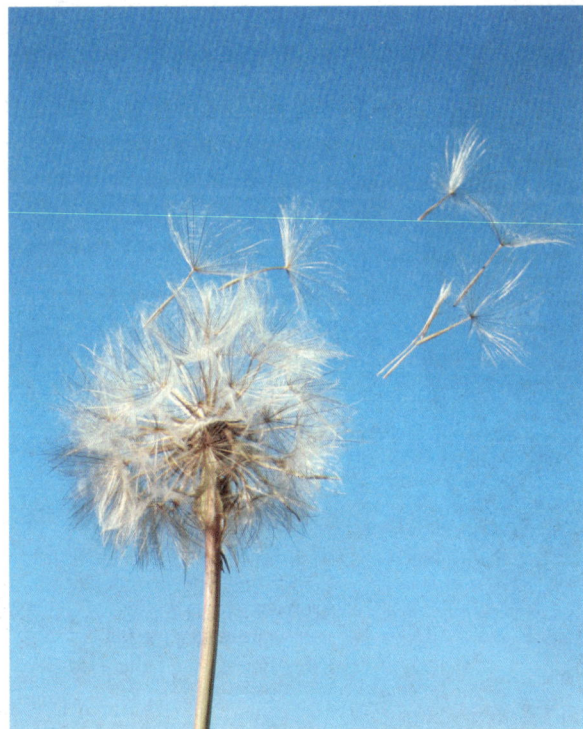

种子的传播

种子成熟后，并不是就近着落，而是利用种种方法来散布自己，以扩大繁殖的领域。常见的靠风传播的有蒲公英，靠动物传播的有鬼针草，还有靠水传播的睡莲。

知识小笔记

科学家在研究动物的粪便时发现，知更鸟粪便中的种子，有 80% 以上能发芽。

种类最少——裸子植物

在植物王国中，有一类植物用来繁育后代的种子是没有被果皮包裹着的。就像没有穿外衣的人一样，我们把这些裸露着种子的植物称为"裸子植物"。

✳ 最大的覆盖量

裸子植物是地球上最早以种子来繁殖的植物，它们覆盖着当今地球森林80%的份额，但种类却只有800多种，是植物界中种类最少的。

✽ 重要的林木

裸子植物很多为重要的林木，尤其在北半球，大的森林80%以上都是裸子植物，如落叶松、冷杉、银杏、云杉等。

❤ 云 杉

云杉是裸子植物的代表，它是依靠风力传播花粉的，它的花粉每秒下降6厘米，虽不及下落雨滴的速度，但却是各种花粉中下落最快的。

▲ 云杉

知识小笔记

在非洲热带沙漠中，有一种叫百岁兰的裸子植物，它一生只长两片叶子，不会脱落换新叶，可以活到100年，称得上是世界上最长寿的叶子。

🍀落叶松

落叶松的天然分布很广，它是生长在寒温带及温带的树种，在针叶树种中是最耐寒的。欧洲阿尔卑斯山的落叶松非常有趣，当繁育的嫩苗被羊群吃后，便会很快长出一簇刺针，一旦羊群再犯，它们就会刺中羊的身体，让羊群无法再接近。

◆落叶松等针叶林的种子是松鼠的主要食物

🍀金色活化石

银杏是裸子植物的代表，它的历史非常悠久，早在2.7亿年前就生活在地球上，但后来大多种类都灭绝了，仅遗留了一种，所以被人们称之为"金色的活化石"。银杏树外形很美观，叶子就像一把小小的扇子。因为它的生长速度非常非常缓慢，经常是爷爷栽下去的树，到孙子那一辈才能吃到它结的果实，所以又被人称为"公孙树"。

◆银杏树具有很强的抗污染能力

进化地位最高——被子植物

被子植物是植物界中数量最多、结构最复杂、进化地位最高级的植物类群，几乎可以适应任何环境。它们具有根、茎、叶、花、果实和种子，而且种子的外面都有果皮包裹着。

高等植物

被子植物最突出的特征是可以开花结果、产生种子来繁衍后代。之所以说它是一种高等植物，是因为它的受精过程不需要水，而且多数被子植物还具有可以上下贯通的导管。

牡丹的叶子像鹅掌，长在低矮的枝干上，每到初夏时，牡丹花就层层叠叠地绽放，显得雍容华贵。

最早的被子植物

生长在1.3亿年前的辽宁古果是最早的已知被子植物。它们能开出美丽的花朵，并用果实来保护种子，这样的生殖方式非常先进，得以让它们顺利地繁衍壮大。

辽宁古果化石

被子植物的分类

根据被子植物种子里的子叶数目是一片还是两片，我们将其分为单子叶植物和双子叶植物两大类。除了子叶的不同，我们还根据叶脉和根系的不同来区分这两类植物。

杜鹃花

杜鹃花是典型的被子植物，又名映山红，泛指各种红色的杜鹃花。其实，杜鹃花不是只有红色的，还有白色、黄色等。杜鹃花主要在春天开花，在开花的季节，千姿百态的花朵挂满枝头，艳丽可爱。

种类最多的被子植物

菊科是被子植物中种类最多的一科，它最重要的特征是由许多小花簇拥在一起，形成美丽的头状花序，使昆虫很容易发现传粉的目标。菊科还有药用、观赏等作用，比如蒲公英、向日葵等。

知识小笔记

被子植物是植物界进化最高级、种类最多、分布最广的类群。现知被子植物有1万多属，20多万种，占植物界的一半。

不喜阳光——苔藓植物

在阳光照不到的墙角下或大树根旁边，我们常常可以找到绿色的苔藓植物，这是一类非常低等的植物，它们没有真正的根。常见的苔藓植物有地钱、葫芦藓、墙藓等。

苔藓植物的特点

苔藓植物的植株大都十分矮小，几乎都只有几厘米长，因为它们的受精过程离不开水，所以它们大多喜欢生长在阴暗潮湿的环境中，多生长在阴湿的石面、泥土表面、树干或枝条上。

泥炭藓的植物体具有很强的吸水力，可以用来铺苗床。此外，泥炭藓消毒后还可以代替药棉。

苔藓植物的分类

苔藓植物可以分为苔和藓两大类。苔类植物的身体通常呈扁平状，贴着地面生长；藓类植物则大多数都有略为明显的茎和叶，笔直着向上生长着。

🌸苔藓植物的作用

苔藓植物常常成丛，密集生长于阴湿环境中，覆盖在地面上，可减少雨水对土壤的冲刷，起着保持、涵养水分的作用。

▲绿茸茸的苔藓植物

❄葫芦藓

葫芦藓是典型的苔藓植物，它的身高仅有 1.5 厘米左右，叶子又小又薄，没有叶脉，大多由一层细胞组成，小得几乎看不到，但是因为叶片细胞内含有叶绿体，所以依然能进行光合作用。

▲葫芦藓长得十分矮小，只能生活在阴湿的环境中。

❄天然检测器

苔藓植物在被污染的空气中会生长不良，叶色泛黄，有的甚至枯萎和死亡。所以，人们常用苔藓植物来监测空气污染的程度。某地区大气越清洁，附生的苔藓就越多；相反，污染越严重，则附生的苔藓就越少，甚至绝迹。

知识小笔记

有些苔藓植物只能生长在酸性或碱性的土壤中，所以苔藓植物又具有指示土壤性质的作用。

最原始的维管植物——蕨类植物

蕨类植物是植物中主要的一类，是高等植物中比较低级的一门，也是最原始的维管植物。常见的蕨类植物有肾蕨、满江红、铁线蕨、贯众等，它们绝大多数生长在热带雨林地区。

蕨类植物的祖先

蕨类植物的祖先是一种非常古老的羊齿植物，刚出现的时候，它们没有根，也没有叶子和花，后来渐渐长出了根和叶子，并且长成了高大茂密的森林。

▲桫椤繁盛于中生代的侏罗纪时期，是当时草食性恐龙的重要食物。

◀卷柏

桫椤

桫椤也叫树蕨，是最著名的蕨类植物之一，它能长到几米至十几米高，被称为"蕨类之王"。桫椤的树形美观，枝繁叶茂，看上去像一把遮阳伞。

知识小笔记

早在人类还没有出现的时候，蕨类植物就已经在陆地上自生自灭了，高大的古代蕨类植物死去时，它们的躯体被一层层地压在地下，形成了今天我们所看到的煤。

↑ 因为铁线蕨黑色的叶柄纤细而有光泽,加上其柔美的质感,好似少女柔软的头发,因此又有"少女的发丝"之称。

生活环境

蕨类植物喜欢生长在温暖潮湿的环境中,比如在阳光少见的山谷,在水分充足的溪水旁边,尤其在热带雨林中,蕨类植物生长得特别茂盛。

→裸蕨是已绝灭的最古老的陆生植物

广泛的用途

现存的蕨类植物,大多数是生于山区的多年生草本,在经济上有多种用途,可作为医药,也能被食用或当做绿肥和饲料用,另外,由于具有独特、美观等体形和无性繁殖力强,还可作盆景,绿化庭院和住宅。

蕨类植物的叶子

蕨类的叶子呈环状,最初它紧紧卷曲,随着不断生长而展开,每片叶子都由许多小叶子组成。

最古老的植物类群——藻类植物

藻类植物一般都具有进行光合作用的色素，能利用光能把无机物合成有机物,供自身需要,是能独自生活的一类自养原植体植物,一般生长在水体中,是植物界最古老的类群。

众多的藻类植物

藻类植物约有3万种，体形多样，有单细胞、群体、多细胞的丝状体及叶状体。它们的大小差别很大，小的只有几微米，必须在显微镜下才能看到；较大的肉眼可见，最大的体长可达100米以上。

↑ 浮萍

↓ 红藻

多颜色的藻类植物

藻类植物细胞含有各式各样的色素，而不同的色素组成标志着进化的不同方向，也是分门的主要依据，人们将藻类分为红藻、蓝藻、金藻等。

知识小笔记

你知道吗？藻类植物没有根、茎、叶的分化,它们是陆地上最古老的植物。

生活环境

藻类植物大多数生活于淡水或海水中，少数生活于潮湿的土壤、树皮、石头和花盆壁上。在水中生活的藻类，有的浮游于水中，也有的固着于水中岩石上或附着于其他植物体上。有些藻类能在零下数十摄氏度的南、北极或终年积雪的高山上生活，有些还能在高达85℃的温泉中生活。

海　带

海带是典型的藻类植物，身体呈褐色，全身上下都很光滑，一般长 2 ～ 6 米。海带的底部有假根，可以牢牢地抓住海底的礁石或贝壳，防止身体被海浪冲走。海带是一种营养价值很高的蔬菜，里面含有丰富的碘、钙、蛋白质等营养元素。

▶海带的底部有假根，可以牢牢抓住海底的礁石或贝壳，抵御海浪的冲击。

◀ 如果把 400 个硅藻排成一列，仅相当于 1 个米粒的长度。此图即为显微镜下的硅藻。

硅　藻

硅藻是一类最重要的浮游生物，分布极其广泛。在世界大洋中，只要有水的地方，一般都有硅藻的踪迹，因为硅藻种类多、数量大，因而被称为海洋的"草原"。它最大的特点就是外壳坚硬，而且布满花纹，如果在显微镜下看，就像工艺品一样。

最有活力的阶段——种子萌芽

种子是传宗接代的繁殖器官，对植物生长有着必不可少的作用。种子萌芽是生命发展的最初阶段，也是植物生长过程中最有活力的阶段。

充分的水分

水分是种子发芽所绝对必需的。有了水分，酵素才能活动，种子贮藏的养分才能水解产生作用，细胞也才能膨胀伸长。

足够的氧气和温度

种子开始活动就要进行呼吸作用，也就需要氧气。只有少数水生植物的种子，能在缺氧状况下发芽。另外，每一种植物都有最适合发芽的温度，不同的植物，适合发芽的温度也不一样。

种子的发芽过程

种子发芽的过程分 3 个阶段：吸水膨胀、萌发和出苗。有活力的种子，受潮吸水后，开始进行呼吸、蛋白质合成以及其他代谢活动，经过一定时期，种胚突破种皮，露出胚根，这样就长成了一棵幼苗。

知识小笔记

一棵幼苗破土而出时，甚至可以顶翻压在它上面的一块大石头。

刚萌发的种子，幼根向下伸向泥土，渐渐长成一棵嫩绿的幼苗，去接受阳光的洗礼。

顽强的生命力

刚刚萌发的种子幼根朝下，伸向泥土，而子叶却向上，慢慢破土而出，长成一棵嫩绿的幼苗。虽然新长出的幼苗看上去很柔弱，但是却蕴藏着顽强的生命力。

无心的播种

松鼠有储存食物的习惯，每年秋天种子成熟时，它们就会采集许多，储藏在临时挖好的洞穴中，以备过冬之需。可松鼠的记性不太好，常常忘记埋种子的地方，到了每年春暖花开的时候，那儿就会长出许多树苗来，所以，人们也称松鼠为"勤劳的播种者"。

松鼠

各显神通——种子传播的奥秘

植物和动物不同,它们生长在固定的地方,不能像动物一样走来走去。那么,到秋天植物的种子成熟时,它们都是依靠什么样巧妙的方法来传播种子的呢?

自体传播

自体传播就是靠植物体本身传播,并不依赖其他的传播媒介。果实或种子本身具有重量,成熟后,果实或种子会因重力作用直接掉落地面,例如毛柿及大叶山榄;而有些蒴果及角果,果实成熟开裂之际会产生弹射的力量,将种子弹射出去,例如乌心石。

风传播

有些种子会长出形状如翅膀或羽毛状的附属物,乘风飞行,或者因为种子的重量、体积较小,也会依靠风来传播,把种子散播远方,比如柳树、木棉、兰科的种子、蒲公英等。

柳絮

鸟传播

鸟类传播的种子，大部分都是肉质的果实，例如浆果、核果及隐花果。果实被鸟类采食后，种子经过消化道后被随意排泄。靠鸟类传播种子的植物是比较先进的一族，因为鸟类传播种子的距离是所有方式中最远的。

櫻桃等植物的果实颜色鲜艳，味道也不错。它们能引来鸟儿啄食，种子再随鸟儿的粪便排出。

椰子的传播需要依靠流水的帮助才能完成。椰子成熟以后，落到海洋中，由于它外面裹着粗纤维组织，里面充满了空气，所以它能浮在水面上，随着海水漂流，一旦冲上海滩，很容易生根发芽。

水传播

靠水传播的种子可以浮在水面上，经由溪流或洋流来传播。此类种子的种皮常具有丰厚的纤维质，可防止种子因浸泡、吸水而腐烂或下沉，如睡莲、棋盘脚、莲叶桐等。

哺乳动物传播

哺乳动物传播的种类，大部分都是属于一些中、大型的肉质果或干果。一般而言，哺乳动物的体型比较大，食物的需要量大，故会选择一些大型的果实。比如猕猴喜爱摄食毛柿及芭蕉的果实，这样也帮助这些植物进行传播。

知识小笔记

荷花的果实是莲蓬，它成熟时随波逐流，把种子带到远方，等莲蓬腐烂沉到水底，第二年就长出新的植株。

繁衍后代——花开和结果

当植物生长到一定阶段时，花朵便开始绽放，随后丰收的果实也悄悄缀满枝头……简单地讲，开花和结果是高等植物有性生殖的重要环节。只有经过传粉和受精，植物才能产生种子，繁衍后代。

传 粉

传粉是指雄蕊花药中的成熟花粉粒传送到雌蕊柱头上的过程。有自花传粉和异花传粉两种方式。典型的自花传粉是闭花传粉，如豌豆和花生植株下部的花，不待花蕾张开就完成传粉作用。异花传粉为开花传粉，需借助外力，如昆虫、风力等传送。

花粉

花粉传播途径

利用水力来帮助传播花粉的花叫做水媒花；依靠昆虫传粉的花叫做虫媒花；利用风力完成传粉任务的叫做风媒花。杨树的花就是典型的风媒花，它的花瓣已经退化，让雄蕊几乎完全暴露在风中，这样可以更好地接受风传来的花粉。

植物的受精

受精是指精子与卵细胞融合形成受精卵的过程。当花粉落到柱头上后，受柱头黏液的刺激开始萌发，长出花粉管，花粉管穿过花柱，进入子房，到达胚珠。花粉管中的精子进入胚珠内部，与胚珠中的卵细胞结合，形成受精卵。

人工辅助授粉

若子房的胚珠内未形成受精卵将不能正常发育，果实可能脱落或果实内部种子为空瘪粒。为了防止自然传粉不足的情况，可通过人工的方法给植物进行辅助授粉，即人工辅助授粉。

果实和种子的形成

植物受精后，花瓣、雄蕊、柱头、花柱都会凋落，子房继续发育成果实，子房壁发育成果皮，胚珠发育成种子，珠被发育为种皮，受精卵发育成胚。

● 一株玉米的雄花上就有5 000万粒花粉，风一吹便会漫天飞舞

知识小笔记

传粉媒介主要有昆虫(包括蜜蜂、甲虫、蝇类和蛾等)和风。此外蜂鸟、蝙蝠和蜗牛等也能传粉，还有些植物通过水进行传粉。

植物的制氧工厂——光合作用

光合作用是植物、藻类利用叶绿素和某些细菌利用其细胞本身,在可见光的照射下,将二氧化碳和水转化为有机物,并释放出氧气的生化过程。

❀重要的阳光

所有的植物都需要从太阳光中吸取能量,进行光合作用,制造出供自己生存的食物。如果没有阳光,那我们的地球也就不会有生命。

光合作用

❀自养生物

植物与动物不同,它们没有消化系统,因此它们必须依靠其他方式来进行对营养的摄取,这就是所谓的自养生物。对于绿色植物来说,在阳光充足的白天,它们会利用阳光的能量来进行光合作用,以获得生长发育必需的养分。

● 植物的光合作用是通过叶子来实现的

植物栽培与光能的合理利用

光能是绿色植物进行光合作用的动力。在植物栽培中，合理利用光能，可以使绿色植物充分地进行光合作用。合理利用光能主要包括延长光合作用的时间和增加光合作用的面积两个方面。

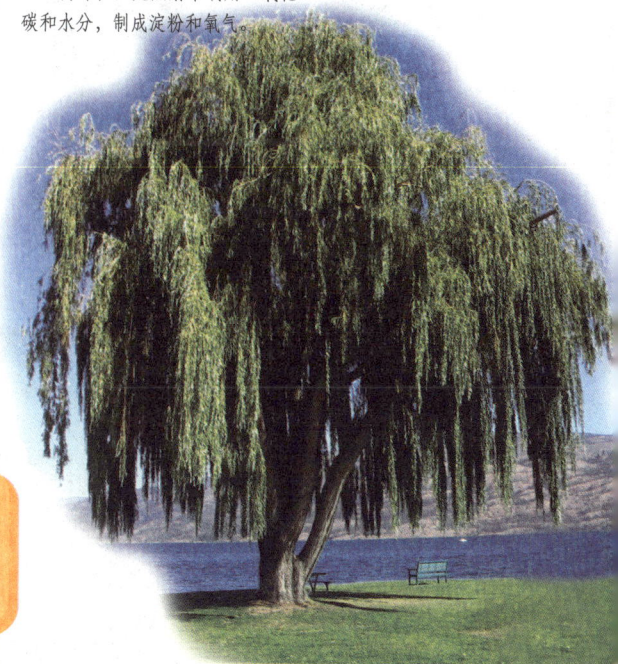

制造有机物

绿色植物通过光合作用制造有机物的数量是非常巨大的。据估计，地球上的绿色植物每年大约制造四五千亿吨有机物，这远远超过了地球上每年工业产品的总产量。所以，绿色植物的生存离不开自身通过光合作用制造的有机物，人类和动物的食物也都直接或间接地来自光合作用制造的有机物。

树叶在阳光照射下利用二氧化碳和水分，制成淀粉和氧气。

阳光传递生命的媒介

植物利用阳光的能量，将二氧化碳转换成淀粉，以供植物及动物作为食物的来源。叶绿体由于是植物进行光合作用的地方，因此叶绿体可以说是阳光传递生命的媒介。

知识小笔记

晚上不应把植物放到室内，以避免因植物呼吸而引起室内氧气浓度降低。

降温散热的法宝——蒸腾作用

蒸腾作用是绿色植物的一项重要的生理活动，它对维持植物体内水分的含量，以及在高温季节降低植物体的温度等生理活动，起到了至关重要的作用。

■重要的蒸腾作用

植物的根吸收土壤中的水分，通过蒸腾作用，由叶片散发到体外。如果散发的水分多于吸收的水分，植物体细胞就会失去水分而软缩，植物体就会产生萎蔫现象。

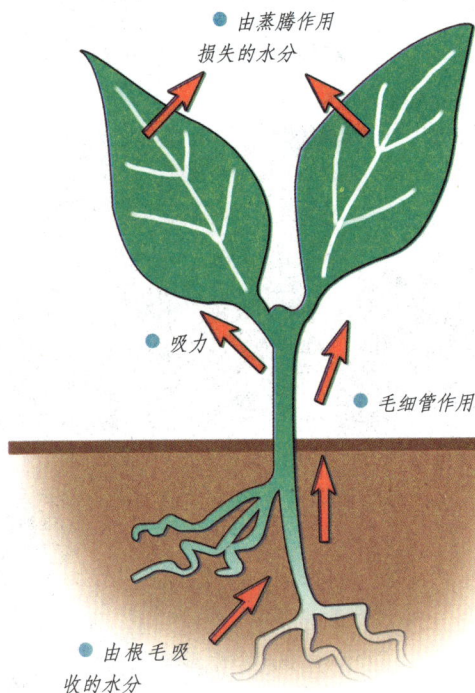

- 由蒸腾作用损失的水分

◆ 植物蒸腾作用

- 吸力

- 毛细管作用

- 由根毛吸收的水分

■不可或缺的气孔

植物的蒸腾部位主要在叶片，其实植物体的表面布满了许多气孔，正是这些气孔在不停地蒸腾。不同的植物，叶面上气孔的数量和位置也是不一样的，生活在陆地上的植物，气孔多数藏在叶面下面，但浮在水面上的植物，气孔主要分布在叶面上。

❋ "抽水"的动力

叶片的水分蒸腾散失后，叶肉细胞液的浓度提高，增加了叶肉细胞向叶脉细胞吸水的动力，这样就促使叶片向茎吸水，茎又向根吸水，从上到下形成了一股吸水的强大动力，不断地由土壤向上自动"抽水"。

❋ 降温散热的秘诀

蒸腾作用能够帮助植物降温散热，它实质上是一个水的汽化过程，而这一过程是需要消耗热量的。蒸腾作用的正常进行，使植物能在烈日的烘烤下保持一定的恒温，不致被高温烫伤。

❋ 影响蒸腾作用的因素

植物的蒸腾作用也受到环境中温度、光照的影响，在一定的范围内，温度越高，光照强度越大，蒸腾作用强度越大；温度越低，光照强度越弱，蒸腾作用强度越小。另外，蒸腾作用还会受到空气湿度、空气流动速度的影响。

降水

地表蒸发和
植物蒸腾作用

海洋蒸发

降水

海洋

地下水

长在水里——湿地植物

湿地是地球上有着多功能的、富有生物多样性的生态系统，是人类最重要的生存环境之一。而湿地植物则泛指生长在湿地环境中的植物。它们通常生长在地表经常过湿、常年积水或浅水的环境中。

▸ 桐花树

湿地植物的分类

湿地植物包括沼生植物、湿生植物。这种植物的基部浸没于水中，茎、叶大部分挺于水面之上，暴露在空气中，因此，具备陆生植物的某些特征，水生植物则沉于水中，所以，湿地植物是水生植物和陆生植物之间的过渡类型。

桐花树

桐花树是常见的红树林湿地植物，在滩涂的外缘或河口的交汇处分布较多。它的叶柄带有红色，叶面常见有排出的盐。桐花树的叶子不但是较好的饲料，而且还是很好的蜜源。

🌸湿地植物的功能

湿地植物除了能够直接给人类提供工业原料、食物、观赏花卉、药材等，还在湿地生态系统中发挥关键作用。

🍀水　松

水松为我国特有的单种属植物,分布区位于中亚热带东部和北热带东部，水松耐水湿，侧根很发达，生于水边或沼泽地的树干基部膨大呈柱槽状，并有露出土面或水面的屈膝状呼吸根。另外，它的木材材质轻软，可作建筑等用材。

◆ 水松主要在中国生长，星散分布于华南和西南地区，但也有少量分布于越南。喜温暖多雨气候及酸性土壤，不耐寒，耐水湿，常分布于水边湿地。

🍀芦　苇

芦苇是典型的湿地植物，多生于低湿地或浅水中。它的地下茎或根系没于水底的淤泥中，而植物的上半部分和叶子生长在水面以上。苇秆可作造纸和人造丝、人造棉原料，也供编织席、帘等用，还是一种适应性广、抗逆性强、生物量高的优良牧草。

知识小笔记

我国湿地高等植物约有225科815属2 276种,分别占全国高等植物科、属、种数的63.7%、25.6%和7.7%。

喜水的植物——水生植物

水生植物是指那些能够长期在水中正常生活的植物。它们常年生活在水中，形成了一套适应水生环境的特殊本领。通常，在水流平缓的河流湖泊中，水生植物种类较多，而湍急的江河中，它们往往不易存活。

发达的通气组织

水生植物大都具有很发达的通气组织，在它们的身体里形成了一个输送气体的通道网，即使长在不含氧气或氧气缺乏的污泥中，仍可以生存下来。通气组织还可以增加浮力，维持身体平衡，这对水生植物也非常有利。

荷 花

荷花又称莲花、水芙蓉，是一种最常见的水生植物，它夏季开花，有白、粉、红等颜色。荷花的根固定在水下土壤中，它的叶柄和藕中有很多通气的孔眼，而茎、叶子与花则伸出水面，获得更多的阳光及空气。

知识小笔记

水生植物的叶子能够浮在水面上呼吸，有的叶子还有特殊的排水器官，能够将多余的水分排出体外。

荷花

🍀金鱼藻

　　金鱼藻是悬浮于水中的多年水生草本植物，全株深绿色，植物体从种子发芽到成熟均没有根，叶子的边缘有散生的刺状细齿，茎平滑而细长，可长达 60 厘米左右。

▶金鱼藻

🍀满江红

　　满江红是生长在水田或池塘中的小型浮水植物。幼时呈绿色，生长迅速，常在水面上长成一片。秋冬时节，它的叶内含有很多花青素，群体呈现出一片红色，所以叫做满江红。满江红可以作为水稻的优良绿肥，也可作鱼类和家畜的饲料。

　▶菱角能把刚刚出生的小幼苗固定在一个地方，免得它随水漂走。

　▶满江红的繁殖速度惊人，人们常常用它作为水族箱中的鱼食或作为绿肥。

🌸菱

　　菱是典型的浮叶水生植物，有"水中落花生"之称，它的果实"菱角"有尖尖的硬角，能保护自己不被鱼吃掉。菱角垂生于密叶下方的水中，必须全株拿起来倒翻，才可以看得见。

结满球果——针叶林植物

如今的天下虽然是被子植物占主角，可是由裸子植物组成的针叶林却是现存面积最大的森林。一般来讲，针叶林是寒温带的地带性植被，是分布最靠北的森林。

针叶林的分布

针叶林广泛分布于世界各地，以北半球为主。北以极地冻原为界，南接针阔混交林。其中由落叶松组成的称为明亮针叶林，而以云杉、冷杉为建群树种的称为暗针叶林。

世界最大的原始针叶林

横跨欧、亚、北美大陆北部的针叶林属寒带和寒温带地区的地带性森林类型，是世界最大的原始针叶林，也是世界最主要的木材生产基地。

西伯利亚针叶林带

🔶 冷 杉

冷杉树是典型的暗针叶林植物，它的皮是深灰色，树高可达到 40 米，主要分布于欧洲、亚洲、北美洲、中美洲及非洲最北部的亚高山至高山地带。冷杉为耐阴性很强的树种，喜冷和空气湿润的地方，具有独特的观赏特性和园林用途。

🔷 落叶林

落叶松是明亮针叶林的代表，它喜欢阳光充足而较干旱的环境，森林常较稀疏而阳光直达林下，冬季落叶后林下更是充满阳光，因此落叶松林是典型的"明亮针叶林"。落叶松的根系较浅，可以在永久冻土上生长，对土壤的要求不高，能够在严酷的自然环境中生存。

🍃 知识小笔记

寒温带的针叶林又叫泰加林，泰加林原是指西西伯利亚沼泽化的针叶林，现在泛指寒温带的针叶林。

▼ 松树

终年常绿——常绿阔叶林植物

常绿阔叶林植物是亚热带湿润地区由常绿阔叶树种组成的地带性森林类型。在中国，以长江流域南部的常绿阔叶林最为典型，面积也最大。

不同的名称

常绿阔叶林植物在不同的国家有着不同的名字，在日本被称照叶树林，欧美称月桂树林，中国称常绿栎类林或常绿樟栲林。这类森林具有常绿、革质、稍坚硬、叶表面光泽无毛、叶片排列方向与太阳光线垂直等特征。

常绿阔叶林的分布

常绿阔叶林是亚热带海洋性气候条件下的森林，大致分布在南、北纬度22°～40°之间，主要见于中国长江流域南部、朝鲜半岛、日本、非洲的东南沿海和西北部、墨西哥、智利、阿根廷、大洋洲东部以及新西兰等地。

> **知识小笔记**
> 常绿阔叶林区的生物资源极为丰富，许多树种具有高度经济价值。如红豆杉、杉木、马尾松、毛竹等都是良好的建材。

▽ 常绿阔叶林带（中国广西）

❀ 樟 树

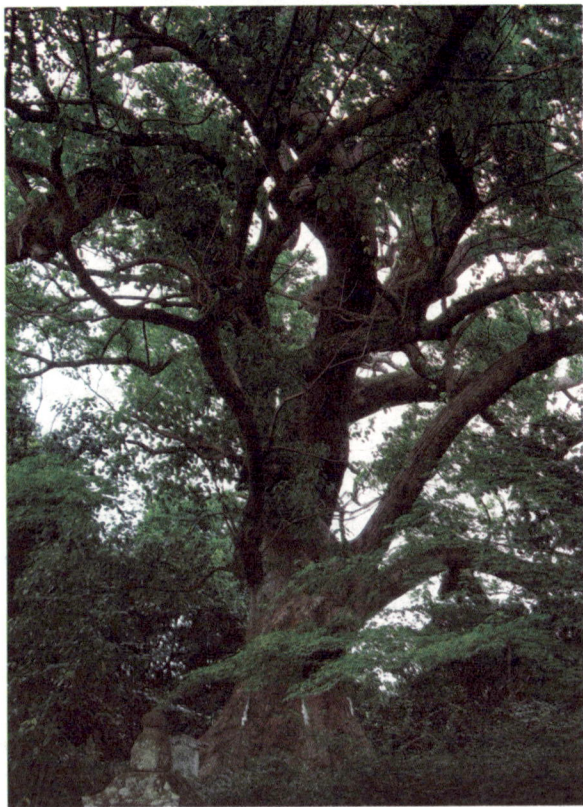

樟树是属于樟科的常绿性乔木，高可达 50 米，树龄成百上千年，可称为参天古木，为优秀的园林绿化林木。樟树在春天新叶长成后，前一年的老叶才开始脱落，所以一年四季都呈现绿意盎然的景象。樟树全株还具有樟脑般的清香，可驱虫，而且永远不会消失。

◂ 樟树是樟科常绿大乔木，别名本樟、香樟、乌樟、栲樟、樟仔。原产中国南部各省，越南、日本等地亦有分布。

❀ 桂 花

桂花为常绿阔叶乔木，高可达 15 米，树冠可覆盖 400 平方米。桂花适应于亚热带气候广大地区，它终年常绿，枝繁叶茂，秋季开花，黄白色的小花极为芳香，另外，桂花还有较高的医药用处。

▴ 桂花

❀ 山 茶

山茶别名玉茗花、耐冬、曼陀罗等，原产我国东部和日本，属于常绿阔叶灌木或小乔木，高可达 15 米，种子含油达到 45% 以上，花朵可以作收敛止血药。

夏绿冬枯——落叶阔叶林植物

落叶阔叶林是温带、暖温带地区地带性的森林类型。因其冬季落叶、夏季葱绿，又称"夏绿林"。中国的落叶阔叶林主要分布在东北地区的南部和华北各省等地区。

落叶阔叶林分布区

落叶阔叶林植物几乎完全分布在北半球受海洋性气候影响的温暖地区。这些地方一年四季分明，夏季炎热多雨，冬季寒冷。

分　类

落叶阔叶林的结构简单，可明显分为乔木层、灌木层和草本层。落叶阔叶林的乔木树种都具有较宽的叶片，叶上通常无或少茸毛，厚薄适中。芽有包得很紧的鳞片，树干和树枝也有很厚的树皮，这些都是适应冬季寒冷环境的结构。

🌸白桦树

白桦是典型的落叶阔叶林植物，它是喜光的阳性树种，也是针叶林或落叶阔叶林破坏后出现的次生类型。白桦树外貌整齐，树干挺直，树皮白色，形成特有的景观。

> **知识小笔记**
>
> 落叶阔叶林能为人类提供丰富多样的林副产品。除水果外，还有核桃、板栗、枣、榛等干果。

◂ 白桦树

🍀水曲柳

水曲柳属于落叶大乔木，高达30米，胸径可达1米以上。水曲柳是古老的残遗植物，分布区虽然较广，但多为零星散生。材质坚韧，纹理美观，是制作家具的良材。但因砍伐过度，数量日趋减少，目前已不多见。

◂ 水曲柳

▴ 羊胡子草

🌼特别的羊胡子草

羊胡子草为多年生草本，根状茎粗短，生于岩壁上，羊胡子草的花就像羊的胡子一样，用手摸一下，有点头发的感觉。它们曾被用来制作烛芯，填充枕头，也有药物作用。

"高不可攀"——高山植物

在海拔数千米的高山地区，不仅空气稀薄，气温很低，风力和紫外线强烈，还缺少可以利用的水分。但在这么恶劣的环境下，却生存着一些具有独特结构的高山植物。

特别的根系

大多数高山植物有粗壮深长而柔韧的根系，它们常穿插在砾石、岩石的裂缝之间或粗质的土壤里吸收营养和水分，以适应高山粗疏的土壤和在寒冷、干旱环境下生长发育的要求。

大多数高山植物都有很长的根系，这样可以深深地插入岩石的缝隙里吸取生长所需的养分。

鲜艳的花朵

鲜艳的颜色

高山植物的颜色特别鲜艳，是因为高山上的紫外线很强，能破坏植物的染色体，于是它们产生了大量的胡萝卜素和花青素。这两种物质能吸收紫外线，使植物细胞正常工作，也使花朵的色彩变得更艳丽。

垫状植物

生长在高山上的植物，一般体积矮小，茎叶多毛，有的还匍匐着生长或者像垫子一样铺在地上，就形成所谓的"垫状植物"。一团团垫状体就好像一个个运动器械中的铁饼，散落在高山的坡地之上，这样，它才能抵御大风的吹刮和冷风的侵袭。

> **知识小笔记**
>
> 雪莲的种子在 0℃发芽，3~5℃生长，幼苗能经受−21℃的严寒。在生长期不到两个月的环境里，它的高度却能超过其他植物的 5~7 倍。

▲雪莲被称为"傲冰斗雪的勇士"

雪　莲

雪莲是高山植物重要的代表之一，它生长在海拔 4 800 ~ 5 500 米之间的高山寒冻风化带，它个体不高，茎、叶密生厚厚的白色绒毛，既能防寒，又能保温，还能反射掉高山阳光的强烈辐射，免遭伤害，所以这也是对高山严酷环境的一种适应。

雪绒草

雪绒草又名雪绒花，是著名的高山花卉之一，植株表面是白色或灰白色棉毛，生于岩石间，有着"世界花园"之称的瑞士，把雪绒草定为国花。

▶雪绒草

不怕炎热的勇士——沙漠植物

干旱少雨的茫茫沙漠，气候特别干燥炎热，除了夜晚以外，几乎一直在烈日的暴晒下。植物要在这样严酷的气候中生活不是一件容易的事情，不过沙漠里的植物们却自有生存"法宝"。

光棍树

光棍树原产于热带沙漠地区，它一年四季树上都是光溜溜的绿色枝条，几乎完全不长叶子，若折断一小根枝条或刮破一点树皮，就会有白色的乳汁渗出，这种乳液有剧毒，能起到抵抗病毒和害虫侵袭的作用。

由于光棍树的原产地处于热带沙漠地区，这里气候炎热干燥，长期无雨，光棍树便适应了这种自然环境，没有叶子，以便减少蒸腾，节省水分。

仙人掌

仙人掌有着"沙漠英雄花"的美名，为了适应沙漠里干旱的生活环境，它的叶子已经退化成了针刺状，这样可以大大减少水分蒸腾的面积，为了节约用水，它的气孔只有在晚上才微微张开，这样可以有效地阻止水分从体内跑掉。

仙人掌

🍀沙漠玫瑰

　　沙漠玫瑰又名天宝花，原产于非洲的肯尼亚、坦桑尼亚，因原产地接近沙漠而得名。它的花形似小喇叭，玫瑰红色的花四季常开不断，非常艳丽。

▶沙漠玫瑰喜欢干燥、阳光充足的环境，耐干旱不耐水湿，耐炎热不耐寒冷。

🍀千岁兰

　　千岁兰生长在非洲西南沿海纳米比亚及安哥拉的沙漠中，它的茎十分短粗，在茎的顶部边缘分别向两侧生出两片巨大的叶片，两片叶一经长出后，就与整个植株终生相伴。这种奇形的裸子植物寿命很长，一般都能活数百年以上。

🌼知识小笔记🌼

科学家在研究动物的粪便时发现，知更鸟粪便中的种子，有80%以上能发芽。

🍀胡　杨

　　世界上的胡杨绝大部分生长在中国，树高 15 ~ 30 米，它能忍受荒漠中的干旱，对盐碱有极强的忍耐力。胡杨的根可以扎到地下 10 米深处吸收水分，其细胞还有特殊的功能，不受碱水的伤害。

▶在沙漠中，只要遇到整片的胡杨林，就证明离水源不远了。

寒带植物的代表——苔原植物

苔原植物是寒带植物的代表,它分布于北冰洋周围沿岸,在欧亚大陆北部和美洲北部占了很大的面积,形成了一个环绕北极的大致连续的地带。

恶劣的生长环境

苔原植物处于极不利的生态条件下,冬季漫长而寒冷,夏季短促而低温,最暖月平均温度只有 10℃或略高,最低温度则达−55℃。植物生长期每年只有 2 ~ 4 个月。在生长季节里,植物的根只能在地表大约仅 30 厘米的深度内自由伸展,30 厘米以下则是坚如磐石的永久性冻土层。

生长缓慢

苔原植物多为多年生的常绿植物,可以充分利用短暂的营养期,而不必费时生长新叶和完成整个生命周期,永久冻土阻挡了植物向土壤深处扎根,短暂的营养期使苔原植物的生长也非常缓慢。

在北极的植物中,地衣的数量最多。

牛皮杜鹃

牛皮杜鹃为常绿灌木,株高 10 ～ 25 厘米,牛皮杜鹃适应了高山寒冷的气候条件,株型呈垫状灌木,根系发达,枝叶密厚。牛皮杜鹃生长的地方,就像给大地盖上一层被子,对水土保护和维持生态平衡起重要作用。

▶牛皮杜鹃

▶松毛翠

松毛翠

松毛翠分布于长白山高山苔原带,并在欧洲和北美洲的北极高寒地区也有分布,松毛翠为常绿灌木,株高仅 10 ～ 20 厘米,松毛翠花虽小,然而花多且玲珑可爱。

鲜艳的花朵

苔原植物常具大型鲜艳的花,大部分花向着太阳开放,以便尽可能多地采集太阳光,有些植物则能在开花期忍受冬季的寒冷,如北极辣根菜的花和幼小的果实在冬季有时被冻结了,但到春季解冻后则继续发育。

知识小笔记

多数苔原植物都很矮小,许多植物紧贴地面匍匐生长,这是抗风、保温及减少植物蒸腾的适应手段。

紧密相连——植物和生态

绿色，给人以清新、柔和、惬意之感。绿色植物，维系着生态平衡，使万物充满生机，欣欣向荣。我们无法想象，没有植物的世界会是什么样子……

不可或缺的朋友

植物为人类提供食物，如粮食、蔬菜、水果等，提供药品，提供其他生产生活资料的原材料，如棉、麻、木材、纤维、天然淀粉、橡胶、油脂等，是人类不可缺少的朋友。

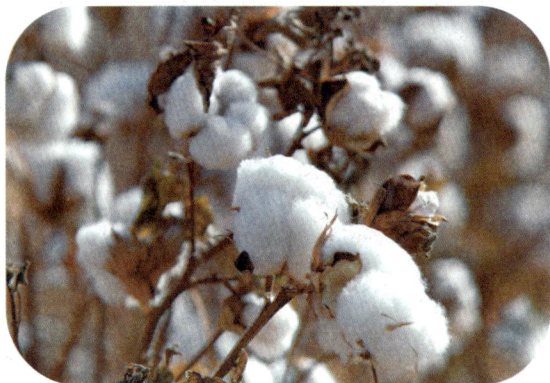

▲ 棉花

▲ 荨麻

化学试剂

许多绿色植物，还起着化学试剂的作用。杜鹃花、铁芸箕共生的地方，土壤一定是酸性的；马桑遍野之地，土壤呈微碱性；碱茅、马牙头群居处，是盐化草甸土的标志；如果荨麻、接骨木的叶里含有铵盐，预示它们生长的土壤中含氮量丰富。

净化污水的好帮手

各种水生和沼生植物在净化污水方面也是各显神通，水葱、田蓟、水生薄荷等植物可以有效杀死水中的细菌；凤眼莲、浮萍、菹草、金鱼藻等植物有较高吸收水中重金属的能力。对人类有害的物质，对于这些植物来说却是必不可少的养料。

▶因为凤眼莲浮于水面生长，又叫水浮莲；又因它的根与叶之间有一像葫芦状的大气泡，所以又称水葫芦。

知识小笔记

植物在生态系统中起着提供氧气和食物、净化空气、净化水体、净化土壤、保持水土等作用……失去植物，其他生物和人类将无法生存。

大自然的总调度室

森林是自然界的重要资源之一，它不仅可以为人们提供大量的木材、多种原材料、食品和饲料，而且具有净化空气、涵养水源、保持水土、防风固沙、调节气候、美化环境、减弱噪声等作用。

保护森林

毁林开荒，乱砍滥伐，使我国本来就不多的森林资源破坏非常严重。所以我们要严禁乱砍滥伐、禁用一次性筷子等，同时，制定并实施多项林业生态工程计划，大力植树造林，保护生态环境。

不可缺少——粮食植物

俗话说"民以食为天"。粮食在人们生活中的重要性不言而喻。而粮食主要有小麦、水稻、玉米、大麦等,它们又叫谷物。其中,小麦、水稻和玉米并称为三大粮食作物。

小 麦

小麦是世界上分布最广泛、产量最多的粮食作物,它们生长在温度较低的旱地上,是一年或二年生草本植物。世界上有一半的人以小麦为食,它可以做成面包或各种面食。

小麦

水 稻

水稻是亚洲人主要的粮食,又被称为"亚洲粮食"。它们生长在水田里,水稻叶长而扁,人们把水稻加工成大米,用它做成米饭和糕点。

水稻

↑ 高粱

高　粱

　　高粱是人类最早栽种的粮食之一，主要利用部位有籽粒、米糠、茎秆等。如今人们已经很少直接食用，主要用来制糖、做饲料、酿酒。名酒"茅台""竹叶青""汾酒"等都是以高粱为主要原料或重要配料的。

大　麦

　　大麦果坚味香，碳水化合物含量较高，蛋白质、钙、磷含量中等，含少量 B 族维生素。在北非及亚洲部分地区尤喜用大麦粉做麦片粥，大麦是这些地区的主要食物之一。另外，大麦麦秆柔软，多用做牲畜铺草，也大量用做粗饲料。

玉　米

　　玉米是很古老的粮食作物，旧称玉蜀黍、苞谷等，现通称玉米。曾经在墨西哥尤卡坦半岛昌盛一时的玛雅文化，又被称为"玉米文化"。

知识小笔记

　　美国是世界上最大的粮食出口国，也是最大的粮食援助国。

↑ 玉米地

编织衣物——纤维植物

纤维植物是指利用其纤维作纺织、造纸原料或者绳索的植物,如棉(包括籽棉、皮棉、絮棉)、大麻、黄麻、槿麻、苎麻、苘麻、亚麻、罗布麻、蕉麻、剑麻等。

❀ 棉 花

棉花是人类的衣料之源,人们称它为"太阳的孩子"。 棉花是原产于热带的锦葵科一年生草本植物,它们结出的棉桃中,白色的棉纤维可以纺成纱,再织成棉布,棉布很柔软,对皮肤有很好的保护作用。

❀ 苎 麻

中国是苎麻的故乡,我国早在五千多年前就开始用苎麻织布缝衣了。苎麻是一种多年生的草本植物,它的纤维有胶质,长而坚韧,其布做成的衣服凉爽可人,深受人们喜爱。

▶在国防工业上,苎麻还可制作降落伞、帐篷、防雨布等。

黄 麻

　　黄麻在巴基斯坦被大量种植，产量居世界首位，在我国南方亚热带地区也广为栽培。黄麻为一年生草本植物，茎皮中含有大量纤维，它的纤维具有很强的吸湿性，是织麻布和麻袋的上等原料。

> **知识小笔记**
> 　　据统计，我国已知的纤维植物约有 500 多种，可算做是一个庞大的家族了。

桑 树

　　桑树是一种常见的植物，它常常生长在山坡上，叶子很宽，人们利用它来养蚕，蚕吃了桑叶后会吐丝结茧。蚕茧经过加工后，可以织成光滑柔软的丝绸。

　　◆桑树有许多种，有乔木也有灌木，有"华桑""白桑""鸡桑"等多个品种。

亚 麻

　　早在 5 000 多年前，瑞士湖栖居民和古代埃及人，已经栽培亚麻并用其纤维纺织衣料，埃及的"木乃伊"就是用亚麻布包盖的。亚麻纤维具有拉力强、柔软、细度好、导电弱、吸水散水快、膨胀率大等特点，可制高级衣料。

　　◆成熟后的亚麻茎秆由空心变成实心，里面含有亚麻纤维。

健康的保证——蔬菜植物

蔬菜是人们生活中不可缺少的营养食品，它含有人体必需的各种维生素、矿物质和纤维素，能保持人体的健康。我国是世界蔬菜生产大国，各类型的蔬菜应有尽有。

蔬菜的分类

人们根据对蔬菜不同的食用部分，把蔬菜分为：叶类蔬菜，如菠菜、大白菜；茎类蔬菜，如莴苣、土豆、生姜、洋葱；根类蔬菜，如胡萝卜；花类蔬菜，如黄花菜；果类蔬菜，如番茄、茄子、辣椒、黄瓜等。

▶日本人把胡萝卜叫做"人参"，和真的人参名称相同。

蔬菜的营养成分

科学家根据蔬菜所含营养成分的高低，将它们分为甲、乙、丙、丁4类。甲类蔬菜富含胡萝卜素、核黄素、维生素C、钙、纤维等，主要有菠菜、芥菜等；乙类蔬菜通常又分为含有核黄素、胡萝卜素和维生素C较多的蔬菜，主要有新鲜豆类、胡萝卜、芹菜、大白菜等；丙类蔬菜含维生素类较少，但含热量高，如土豆、南瓜等；丁类蔬菜含少量维生素C，有冬瓜、竹笋等。

▲长了芽的马铃薯不能吃，因为那些小芽里含有一种叫做"龙葵素"的毒素，会引起食物中毒。

❀ 南　瓜

　　营养丰富的南瓜，既是蔬菜，又可以当饭吃。它除了吃以外，还有许多别的用途，南美洲人把罐子型的南瓜挖空以后，用来存放牛奶和粮食。

❀知识小笔记❀

在西方，过万圣节时，南瓜通常会被做成各种可爱的南瓜灯。

▲野生的西红柿的果实很小，我们吃到的都是由人工种植而来的。

❀ 西红柿

　　西红柿又叫番茄，喜欢在肥沃的沙质土壤中生长，结出红色或者黄色的果实。西红柿含有丰富的维生素，是人们常吃的蔬菜。

❀ 花　菜

　　花菜的花朵能被人们当做蔬菜食用，因其色泽白润，质地细嫩，煮食清淡可口而深受欢迎。现代科学研究证明，花菜含有蛋白质，脂肪，胡萝卜素，维生素A、B、C与矿物质钙等人体不可缺少的营养成分。

　◆我们每吃一口花菜实际已经吞下了几百朵花，因为一颗花菜是由千千万万朵奶黄色的小花蕾组成的，它们密密地拥挤在一堆，形成了一个大花球。

纯天然绿色植物——野菜

野菜是一种无化肥、无农药残留污染、营养价值较高的天然绿色食品，野菜不仅含人体所必需的蛋白质、脂肪、碳水化合物、维生素、矿物质等营养成分，而且植物纤维更为丰富，尤为珍贵。

特殊的用途

野菜不仅能够丰富餐桌，也是防病治病的良药。因为含有各种抗氧化成分和丰富的营养，野菜还被用于化妆品之中，可防止皮肤粗糙，促进新陈代谢。

→蒲公英，具有广谱抗菌作用，能激发机体免疫功能，具有清热解毒、利尿除湿、清肝明目的功效。

荠　菜

在田边地头，经常能看到星星点点的荠菜花。它具有较好的食疗作用，是凉血止血、补虚健脾、清热利水的良药。春天摘些荠菜的嫩茎叶或越冬芽，焯过后可凉拌、做汤、炒食等。

←荠菜是一种相当小的植物，能够长到6~20厘米高。主茎中分出细茎，叶为披针状，边缘有齿，春天会开出白色的小花。

❊蕨 菜

　　蕨菜又名蕨儿菜、龙头菜，在野菜中比较常见。蕨菜能起到清热滑肠、降气化痰、利尿安神的作用。此外，蕨菜吃起来鲜嫩滑爽，素有"山菜之王"的美誉。

◀ 蕨菜叶呈现卷曲状时，说明它比较鲜嫩，老了后叶子就会舒展开来。

❈知识小笔记❈

　　有些野菜是不能吃的，比如：狼毒草、毒芹、毒蘑菇、曼陀罗等，都含有较强的毒性，会对人体造成伤害。

❊薇 菜

　　薇菜富含蛋白质、多种维生素及钾、钙、磷等微量元素，具有抗癌、清热、减肥等功效，并对流感、乙型脑炎等有明显的抑制作用，它也是我国出口的主要野菜品种之一。

❊桔 梗

　　桔梗又叫明叶菜、和尚帽，其枝端能开出蓝色的小花。我们平常吃的都是桔梗根，它有祛痰镇咳、镇痛、解热、镇静、降血糖、消炎、抗溃疡、抗肿瘤和抑菌的作用。

桔梗开蓝紫色的花朵，花形美丽，非常惹人注目。

美味多汁——水果植物

水果是指多汁且有甜味的植物果实,不但含有丰富的营养,而且能够帮助人体消化。新鲜的水果里含有丰富的维生素和多种人体所需要的微量元素,是人体维生素C的主要来源。

葡 萄

葡萄是世界产量最高的水果,它的含糖量高达 10%～30%,以葡萄糖为主,另外,葡萄中含有矿物质钙、钾、磷、铁以及多种维生素和氨基酸等,常食葡萄对神经衰弱、疲劳过度大有裨益。

▶葡萄

> **知识小笔记**
>
> 没有成熟的水果,果肉细胞间的胶质层粘在一起,所以吃起来很坚硬,口感不好。

苹 果

苹果是世界上栽种最多、产量最高的水果之一。这种大众化的水果富含葡萄糖、果糖、蛋白质、脂肪、维生素C、维生素 A 等多种物质,不仅营养全面,而且易于吸收,适于各类人群。

▶苹果

✿ 山楂

山楂又称山里红，是中国特有的果树，它成熟的果实可以生吃，酸中带甜，回味无穷。用山楂还可以做成各种各样的食品，如山楂糕、山楂片等。

✿ 西瓜

西瓜果瓤脆嫩，味甜多汁，含有丰富的矿物盐和多种维生素，是夏季主要的消暑果品。西瓜果皮可腌渍，制蜜饯、果酱和饲料。它的种子含油量达50%，可榨油、炒食或做糕点配料。另外，吃西瓜对治疗肾炎、糖尿病及膀胱炎等疾病有辅助疗效。

✿ 樱桃

樱桃是人们十分喜爱的一种水果，也是含铁量最高的水果。每100克鲜果肉中含铁量是山楂的13倍，是苹果的20倍。铁具有促进血红蛋白再生的功效，因此，樱桃对贫血的人有一定的补益作用。

樱桃

怪模怪样——水果中的"丑八怪"

水果的味道甜美,深受人们喜爱,可在众多的水果家族中也有一些形状怪异、长相丑陋的。然而,外表并不能代表一切,它们的果肉不但鲜美爽口,还含有丰富的营养价值。

榴 莲

榴莲又名韶子、麝香猫,果实有足球大小,果皮坚实,长满了三角形刺,果肉是由假种皮的肉包组成,肉色淡黄,黏性多汁。第一次食用榴莲时,那种异常的气味可使许多人"望而却步",但榴莲果肉含有多种维生素,营养丰富,香味独特,具有"水果之王"的美称。

榴莲

荔枝红色的果壳上长满小瘤子

红毛丹

红毛丹又名毛荔枝,原产于马来西亚,看着就好像一个小刺猬,外表呈黄色,果肉为白色,柔软而爽脆,甜酸可口,长期食用可润肤养颜、清热解毒、增强人体免疫力。此外,红毛丹还可以制蜜饯、果酱、果冻和酿酒。

🌸 火龙果

　　火龙果本名青龙果、红龙果，原产于中美洲热带。因其外表肉质鳞片，好似蛟龙外鳞而得名。火龙果营养丰富、功能独特，它含有一般植物少有的植物性白蛋白及花青素、丰富的维生素和水溶性膳纤维。

🌸 猕猴桃

　　猕猴桃的外表有许多橘黄色小绒毛，它的皮呈浅绿色，像鸡蛋一样大小。虽然表面粗糙，相貌丑陋，但猕猴桃却是一种营养价值极高的水果，含有极其丰富的维生素C、矿物质、多种氨基酸以及胡萝卜素等。

> **🌿 知识小笔记 🌿**
>
> 　　猕猴桃在全国有三大产地：一是河南的伏牛山、铜柏山、大别山区；二是陕西秦岭山域；三是湖南省的西部。

🌱 猕猴桃质地柔软，味道有时被描述为草莓、香蕉、凤梨三者的混合。因猕猴喜食，故名猕猴桃；亦有人说是因为果皮覆毛，貌似猕猴而得名。

🌸 诺丽果

　　诺丽果呈多角形，果皮上有一层层绿色半透明的薄膜覆盖，并有一行行排列有序的菠萝钉状环形核。果实成熟后由黄变白，内含多粒红棕色果核，核内有许多种子。

🌱 诺丽果

富含微量元素——干果植物

扁桃、核桃、腰果、榛子并称为世界四大干果。此外，花生、松子、板栗等都是干果家族的成员，它们含有丰富的营养，常吃干果可以补充体内所需的各种微量元素。

扁　桃

　　扁桃是四大干果之一，它食用的部分为核仁，有甜仁和苦仁两种，甜仁型扁桃香甜酥脆，可以直接食用，苦仁型扁桃不能食用。扁桃含有少量蛋白质、钙、铁、磷及维生素等，也可以作为一种油料植物。

▲扁桃就是我们平常说的"美国大杏仁"，它与作为水果吃的扁桃不是一种植物。

板　栗

　　板栗是我国特有的优良干果树种，它的果实是一种著名干果，秋天成熟的板栗果肉黄白，营养丰富，清香脆甜，它含糖量高，可以炒食和做菜，被誉为"干果之王"。

▲板栗

榛 子

榛子又称山板栗，它的外形和栗子很相似，外壳坚硬，果仁肥白而圆，有香气，含油脂量很大。榛子的果仁炒熟后，香脆好吃，用它提炼出来的榛子油是一种高级食用油。

花 生

常吃花生可以延年益寿，所以人们又叫它为"长生果"。花生仁香脆可口，营养丰富，含有大量脂肪、蛋白质、维生素，它既可榨油，又可制酱，还可以做糕点和美味菜肴。

知识小笔记

把干果放入不透风的储物罐里，在干燥凉爽的环境中能储存很长时间。

因为花生开花落地而结实，所以又名"落花生"。

核 桃

核桃也称"胡桃"，位居世界四大干果之首，素有"木本油料王"之称。它的果实有两层果皮，外果皮成熟时会不规则地开裂，内果皮有许多褶皱。核桃仁营养丰富，具有补气、养血、润燥、化痰等药用价值。

核桃树喜欢气候凉爽的环境，寿命达500多年。

美食的配角——调味植物

调料是烹调食物时用来调味的物品，它们是许多美味佳肴的重要"配角"，它们不但能让菜肴增味，还对健康大有裨益。调味品多数取自不同植物的不同部分，包括果实、根、干花甚至种子。

葱

葱是一种很普遍的调味品或蔬菜，青色的叶子呈圆筒形，主要以叶鞘组成的假茎和嫩叶供食用，另外，以葱为原料，可做成多种食品，如"葱油""葱椒泥""葱油绍酒"等。

● 中空的圆筒状叶

● 葱内含有蒜辣素，可以抑制癌细胞的生长

● 圆柱状的鳞茎

辣椒

辣椒，又叫番椒、辣子、秦椒等，果实通常为圆锥形或长圆形，辣椒的果实因果皮含有辣椒素而有辣味，能增进食欲，辣椒中维生素 C 的含量在蔬菜中居第一位。

❋姜

姜是一种原产于东南亚热带地区的植物，开有黄绿色花并有刺激性香味的根茎。根茎鲜品或干品可以作为调味品。它的辛辣香味较重，在菜肴中既可做调味品，又可做菜肴的配料，生姜还可以干食或者磨成姜粉食用。

▶烹调常用姜有新姜、黄姜、老姜、浇姜等，按颜色又有红爪姜和黄爪姜之分。

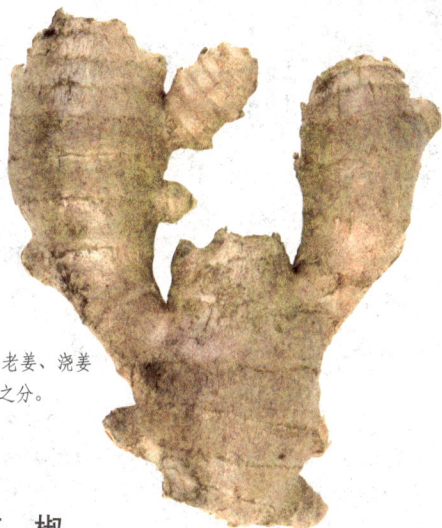

❋花 椒

花椒是花椒树的果实，是中国特有的香料，因而花椒有"中国调料"之称。它的气味芳香，吃起来有些麻酥酥、热腾腾的味觉刺激，可以去除各种肉类的腥臊臭气，改变口感，能促进唾液分泌，增加食欲。

知识小笔记

葱能分解蛋白质，从而大大提高蛋白质的吸收利用率，葱几乎可以与任何食物搭配。

❋蒜

蒜的底下鳞茎味道辣，有刺激性气味，称为"蒜头"，可做调味料，蒜叶称为青蒜或蒜苗，均可做蔬菜食用。另外，蒜还含有大蒜素，具有杀菌和抑制细菌的作用，还可以入药。

可口饮料——饮料植物

自然界中,许多植物可以制造成美味可口的饮料,其中以茶、咖啡和可可最为出名,它们并称为"世界三大饮料植物"。有趣的是,茶发源于亚洲,咖啡发源于非洲,可可发源于美洲,不同的发源地,带给它们不同的背景文化。

沙 棘

沙棘是一种野生植物,俗称酸柳、酸刺,它的果实中富含多种维生素,用沙棘为主要原料,可制成酸甜适口、风味独特的沙棘果汁饮料。

↑ 沙棘是一种落叶性灌木,其特性是耐旱,抗风沙,可以在盐碱化土地上生存,因此被广泛用于水土保持。

可 可

可可树生长在热带雨林里,可可树的果子是橙黄色的,表面有一条条突出的棱线。用可可做出来的饮料味道很奇妙,里面含有大量的能量,可以补充体力。美味的巧克力就是用可可做成的。

↑ 可可还是制作巧克力的主要原料

知识小笔记

菊花除了可以供观赏、入药以外,还可以制成保健饮料,如菊花茶、菊花果汁等,具有清热降暑的功效。

❋咖 啡

咖啡树生活在气候温暖、雨量充沛的地区，香浓的咖啡就是用它的种子加工而成的。咖啡豆必须磨成粉后，才能做成各种各样的咖啡饮料。喝咖啡有促进消化、提神醒脑的作用，咖啡被人们称为"饮料之王"。

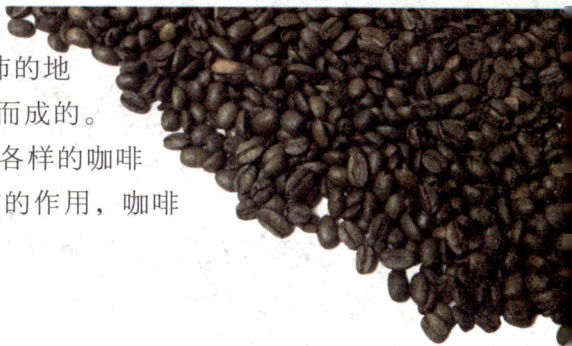

❀绿 豆

绿豆是一种富含蛋白质、脂肪、碳水化合物及各种矿物质和维生素的豆类植物，用绿豆为主要原料制成的绿豆汤是一种深受人们喜爱的防暑饮料。

❀茶

中国是茶的故乡，茶树很矮小，常常密密麻麻地挤在一起，茶就是由茶树的嫩叶做成的。茶可以分为绿茶、红茶、花茶等。茶有解毒和消除疲劳的作用，深受人们喜爱。

▸绿茶是中国人最喜欢的茶饮品，著名的西湖龙井、黄山毛尖等都属于绿茶。

香气迷人——芳香植物

芳香植物是具有香气和可供提取芳香油的栽培植物和野生植物的总称。常见的芳香植物有薰衣草、迷迭香、薄荷、丁香、玫瑰等。

丁 香

丁香花又名紫丁香、百结花，以独特的芳香、硕大繁茂之花序、优雅而调和的花色、丰满而秀丽的姿态而闻名。此外，它还有温胃降逆的功效，花蕾提取的丁香油也是重要香料。

薰衣草

薰衣草原产于地中海沿岸、欧洲各地及大洋洲列岛，虽称为草，实际是一种小花。薰衣草有蓝、深紫、粉红、白色等，花朵含有丰富的精油。薰衣草油是世界名贵的香料，在药理上具有安定神经、增进睡眠等功效，还可以用来制造香水和化妆品。

知识小笔记

人们发现芳香植物对某些疾病有治疗效果，如茉莉、桂花的芳香能抑制结核菌；丁香和檀香可以辅助治疗结核病；薄荷的芳香能减缓感冒的初期症状等。

香味出众的薰衣草是世界上最流行的芳香植物

✿ 玫 瑰

　　玫瑰长久以来都是美丽和爱情的象征，它散发着一股迷人的香气，也是世界上著名的香精原料，人们多用它熏茶、制酒和制作各种甜食品，一滴玫瑰油就要用去 1 000 朵玫瑰花。

▲檀香木是最珍贵的木材,在西藏常用以制作佛像和佛塔

♣ 檀 香

　　檀香木是檀香树的芯材，能散发出一种独特的芳香，被誉为"香料之王"，它原产于印度，最初为敬香之用，现在檀香木被广泛用于提取精油、制作工艺品和高级化妆品。

♣ 薄 荷

　　薄荷喜温暖潮湿和阳光充足、雨量充沛的环境，生长良好的薄荷香气十分浓郁，葱绿茂盛。薄荷产品具有特殊的芳香、辛辣感和凉感，有极强的杀菌抗菌作用，常喝它能预防病毒性感冒、口腔疾病，使口气清新。

▲薄荷是一种芳香植物

美丽容颜——美容植物

不少植物体内都含有大量的营养成分，不管是食用还是外敷，对增加皮肤弹性和滋润光泽都大有益处，因此我们把这些对皮肤有益的植物叫做"美容植物"。

西 瓜

西瓜不仅是一种味道鲜美的水果，它还具有神奇的美容效果，如果把西瓜皮在脸上涂抹，可以对面部皮肤有滋润、营养、防晒、增白的效果。

> **知识小笔记**
>
> 猕猴桃含有丰富的维生素，能够促进肌肤健康，保持光泽和弹性，是一种有美容效果的水果。

▶在所有瓜果中，西瓜含果汁最丰富，含水量高达96%以上。

● 狭长的披针型叶子，边缘有黄色刺状小齿

● 芦荟能散发出清新的气味，使人保持镇静

芦 荟

芦荟又叫油葱，是一种理想的美容植物。对于一般的护肤护发来说，芦荟最有价值的是它那厚厚的叶片中间的凝胶体，具有舒缓、保湿、滋养等多重美肤功效。

黄 瓜

黄瓜是十分有效的天然美容品。黄瓜能有效地促进机体的新陈代谢，扩张皮肤毛细血管，促进血液循环，增强皮肤的氧化还原作用，每日用鲜黄瓜汁涂抹皮肤，就可以起到滋润皮肤、减少皱纹的美容效果。

具有蔬菜和美容品双重身份的黄瓜被称为"厨房里的美容剂"

香 蕉

香蕉既是一种美味的水果，更是能改善肌肤的好帮手，这是因为香蕉由内至外都有非常丰富的营养。香蕉的果肉具有降低胆固醇的作用，蕉皮素还可抑制真菌和细菌，治疗皮肤搔痒症。除此之外，它也是理想的天然营养面膜，对面部皮肤皮下微细血管有调节平衡的作用。

柠 檬

柠檬在美容上有独特的作用，是有名的美容圣品之一，柠檬中的柠檬酸不但能防止和消除色素在皮肤内的沉着，而且能软化皮肤的角质层，令肌肤变得白净有光泽。

由于柠檬中含大量有机酸，对皮肤有刺激性，所以不能将柠檬原汁直接涂在皮肤上。

强身健体——药用植物

很久以来,植物一直是中药的主要原料,某些植物经过人们的加工,可以制成各种各样缓解疾病痛苦的良药。直到今天,药用植物仍在治病保健方面发挥着重要的作用。

人 参

人参是珍贵的中药材,由于根部肥大,形若纺锤,常有分叉,全貌颇似人的头、手、足,故而称为人参。人参的根可以入药,可以补脾益肺、生津、安神,具有抗疲劳、增强免疫力的作用。

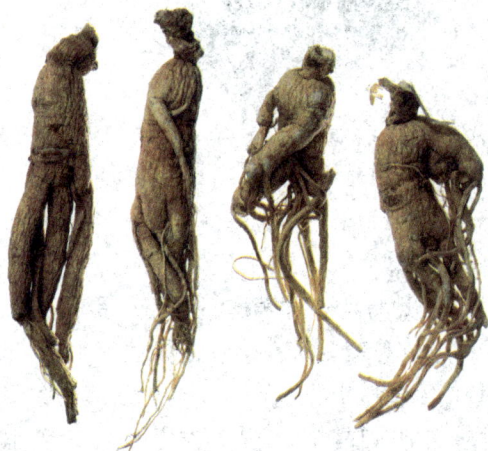

过去人们常错误地把人参当做起死回生的仙药,以为它能包治百病。

雪 莲

雪莲在我国分布于西北部的高寒山地,它生长缓慢,至少4～5年后才能开花结果,所以是一种珍贵的高疗效药用植物。雪莲具有散寒除湿、活血通经、抗炎镇痛等功能。

🌸 甘 草

甘草入药已有悠久的历史了,被称为"百药之王",早在两千多年前,《神农本草经》就将其列为药之上乘。它有解毒、祛痰、止痛、解痉以至抗癌等药理作用,另外,甘草还广泛应用于食品工业,用来精制糖果、蜜饯和口香糖等。

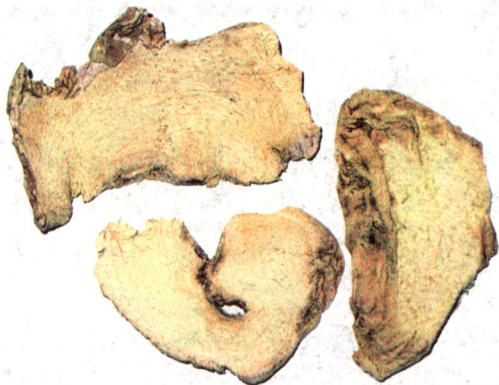

🔸 味苦的药用植物通常是凉性的,所以黄连对治疗夏天的常见疾病有显著的疗效。

🌸 金银花

由于金银花是一对一对地开花,先开的花花瓣为白色,几天后才会变成黄色,因此得名金银花。它具有清热解毒的功效,还被广泛用于保健品、化妆品、工业等领域。

知识小笔记

判断人参的年龄要看它的根和茎相连的地方,那儿有一个长叶片的芦头,每长一岁,上面就留下一个疤节。

🌸 黄 连

黄连是一种味道极苦的小草,具有清热燥湿、泻火解毒的功效。用于治疗呕吐吞酸、泻痢、高热神昏、心火亢盛、心烦不寐等有显著疗效。

🔸 常用中药"银翘解毒丸"的主要成分就是金银花

琼浆之源——酿酒植物

中国是世界上最早酿酒的国家，早在两千年前就发明了酿酒技术。酿酒与植物紧密相关，因为植物的果实和种子里含有淀粉等营养成分，它们经过发酵后就会转化为酒精。

啤酒花

啤酒花是一种桑科蔓生植物，原产欧洲、美洲和亚洲，它的花朵是酿造啤酒的原料。啤酒花不仅使啤酒具有清爽的芳香气、苦味和防腐力，还形成了啤酒中优良的泡沫。

◆啤酒花

燕麦和玉米

燕 麦

燕麦又名雀麦、野麦，它的营养价值很高，其脂肪含量是大米的 4 倍，人体所需的氨基酸、维生素 E 的含量也高于大米和白面。人们常常利用燕麦来酿酒。

葡 萄

葡萄酒是用新鲜的葡萄或葡萄汁经发酵酿成的酒精饮料。通常分红葡萄酒和白葡萄酒两种。红葡萄酒以带皮的红葡萄为原料酿制而成，白葡萄酒则以不含色素的葡萄汁为原料酿制而成。

苹 果

苹果是苹果酒的主要原料，是将苹果经过破碎、压榨、低温发酵、陈酿调配而成。适量饮用苹果酒可以舒筋活络，增进身体健康。

稻 米

稻米是制造米酒的原料，米酒，又叫酒酿、甜酒。最好的米酒是把稻米磨到原始大小的 30% 后酿造而成的，并且不加任何人工原料。但大部分用来酿酒的稻米都没有磨到这种程度，而是添加了纯酒精和糖。

蜜蜂的最爱——蜜源植物

蜜源植物是指所有气味芳香，能供给蜜蜂采集花蜜、花粉的植物。如果从狭义上区分，那些能分泌花蜜、供蜜蜂采集的植物是蜜源植物，而那些能大量生产花粉、供蜜蜂利用的植物则是粉源植物。

椴 树

椴树有紫椴、糠椴两种，花期 20 ～ 25 天。椴树蜜多粉少，蜜为松香色，香甜可口，为特等蜜。

油菜花

油菜花是最容易栽培的农作物之一，农田冬春休耕期间，农民在田里洒上油菜籽，播种后约两个月便开出朵朵黄色的小花，花朵中含有很丰富的花粉，花粉里香甜的花蜜气味会引来无数辛勤的蜜蜂前来采花酿蜜。油菜花蜜呈淡黄色，富含多种维生素 C 和人体所需的矿物质，营养价值很高。

▼金灿灿的油菜花具有较高的经济价值，它的茎、叶以及果实不仅可以食用，还可以作为优良的植物油原料。

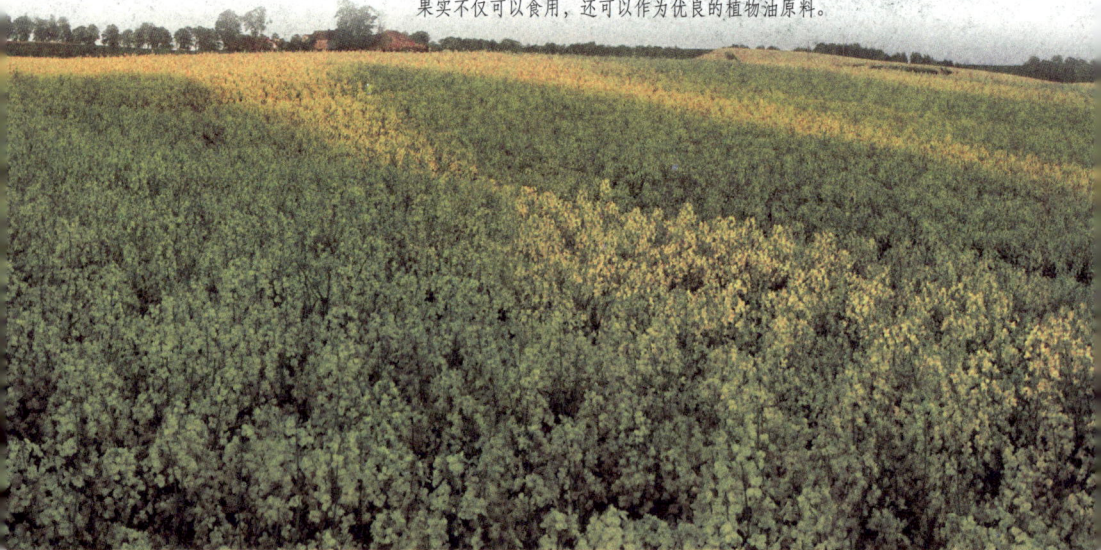

荔 枝

荔枝盛产南方，被誉为"果中之王"。荔枝蜜采自荔枝之花，芳香馥郁，味甘甜，呈琥珀色，是我国南方地区出产的上等蜂蜜。

柑 橘

柑橘是中国南方春季的主要蜜源植物之一，通常开花就能泌蜜，它的蜜腺位于子房周围的花托上，呈瘤状，深绿色。柑橘蜜呈浅黄色，1 朵柑橘花泌蜜量为 20 ～ 80 毫克，正常年份每群蜜蜂可采蜜 10 ～ 20 千克。

柑橘

知识小笔记

蜂蜜含有多种无机盐、维生素、铁、钙、铜等多种有益人体健康的微量元素，以及果糖、葡萄糖等，具有滋养、润燥、解毒之功

荔枝果实肉质细嫩多汁，甜香可口，营养丰富，是水果中的珍品。

洋 槐

洋槐又叫刺槐，树体高大，叶色鲜绿，春季开花时，洁白的花串挂满枝头，芳香四溢。我们平常所见的洋槐花蜜就是从洋槐花上采摘酿酿而来的。洋槐花蜜具有颜色浅、味鲜香等特点，常使用可以改善血液循环、降低血压等。

柑橘泌蜜量很大，在蜜蜂采后仍能泌蜜。

美化环境——绿化植物

当你身处一个空气清新的环境中，是否会感觉精神抖擞、心旷神怡呢？绿化植物在美化我们的日常环境中可谓"功不可没"，因为它们不仅可以美化环境，还可以陶冶情操，净化心灵。

法国梧桐

枝繁叶茂的法国梧桐是一些城市中最常见的街道树木，它对城市环境适应性特别强，具有超强的吸收有害气体、抵抗烟尘、隔离噪音能力。

池 杉

池杉是一种落叶乔木，因其具有耐水湿、不易老化、树形优美、生长迅速、抗风力强等诸多优点，适宜于江河沿岸、滩涂地，以及公路、铁路两旁的造林绿化。

池杉树形婆娑，枝叶秀丽，是一种观赏价值很高的航道树。

樟 树

樟树是属于樟科的常绿性乔木，树高可达50米，树龄成百上千年，可称为参天古木，是优秀的园林绿化林木。另外，它的枝叶和果实还能提炼樟脑和樟油，在工业上用途广泛。

河岸垂柳

柳树是一种常见的树木，属于大型落叶乔木。柳树的枝条细长，柔软下垂，当它随风飘舞时，姿态优美飘逸。另外，柳树对空气污染及尘埃的抵抗力也很强，适合在都市庭院中生长，尤其是在水池边或溪流边。

"北半球森林之母"

松树是常绿乔木，全世界有100余种之多。它的树形多姿，苍翠挺拔，各具特色，是山地、荒漠造林，庭院绿化的主要树种。松树是北半球最重要的森林树种，因此还被誉为"北半球森林之母"。

供人欣赏——栽培植物

野生植物经过人工培育后，具有一定生产价值或经济价值，遗传性稳定，能适合人类的需要。栽培植物几乎包括所有的作物，其中包括粮食作物、纤维作物、油料作物、果树、蔬菜作物以及各种观赏的花卉等。

木 兰

木兰原产于中国，栽培历史悠久，它具有淡紫色的树皮，淡绿色的长叶片，开乳白色的花。这种植物因为芳香、具有刺激性和滋补功能而被利用。它的树皮含有精油和肌肉麻痹剂，对于治疗肠胃方面的疾病很有疗效。

木兰

知识小笔记

甘蔗是人们喜爱的冬令水果之一，其含糖量十分丰富，除了用于食用外，还是制糖的重要原料，所以人们大面积栽培它。

美人蕉

美人蕉原产美洲、印度、马来半岛等热带地区，因具有抗污染、花期长、易栽培、花叶俱美等优良特性而成为绿化常用花卉，在我国各地广为栽培。大花美人蕉、软瓣美人蕉、斑纹美人蕉、紫叶美人蕉等，都是常见的美人蕉栽培品种。

美人蕉喜欢温暖、湿润和阳光充足的环境，不耐寒，怕强风和霜冻。

🌸 吊灯花

吊灯花原产于非洲东部，是一种常绿大灌木。全年开花，花梗细长下垂，远看就像一盏盏小巧玲珑的红灯吊挂在枝条上，所以，植物学命名为"吊灯花"。

◆ 君子兰株形端庄典雅，叶片对称挺拔，四季常青，犹如一谦谦君子。

◆ 吊灯花在我国华南地区引种已有较久的历史，现已成为乡土树种。

🌸 君子兰

君子兰原产非洲南部森林，是一种叶、花、果并美的奇异植物，由翠绿的剑叶托起火红的花团，花姿优美舒展，雍容华贵，花色艳丽多彩。君子兰常在冬春两季、圣诞节、元旦、春节期间开放，给人以喜庆、吉祥的感觉，是高雅、富贵的象征。

🌸 一串红

一串红，又名爆竹红、炮仗红，花呈小长筒状，色彩红艳而热烈，轮伞花序，花开时，总体像一串串红炮仗，故又名炮仗红，为城市和园林中最普遍栽培的草本花卉。

开花结果——观果植物

<big>观</big>果植物因为其果实具有果大色美的特点而深受人们喜爱，许多常绿木本植物、落叶木本植物、草本植物、蔓藤植物等的果实都有很高的观赏价值。

葫 芦

葫芦原产旧大陆热带，在温暖地区已栽培数百年，在我国有超过 130 个品种。葫芦的果实有棒状、瓢状、海豚状、壶状等，其中主要用于盆栽观赏的有小葫芦，又名腰葫芦，长仅 10 厘米，小巧有趣，有很高的观赏价值。

知识小笔记

人们将金橘视为"吉祥之果"，寓意吉利祥和，兴旺发达。

佛 手

佛手又名九爪木、五指橘、佛手柑，是一种常绿小乔木，有时也长成灌木状，它的果形奇特，果实呈卵状或长圆形，果顶开裂呈瓣状，果皮发皱，果肉坚硬而木质化，有浓郁的香味，是一种名贵的观果植物，置于室内的窗台、案几上以装饰点缀。

· 佛手

❀金 橘

金橘又称金柑、金钱橘，是一种常绿灌木，细枝密生，叶小而厚，在秋季会结出圆形的小果，有光泽，成熟时为金黄色或橙红色，绿叶丛中呈现无数佳果，十分漂亮。

✦金橘皮甜，肉微酸多汁，除了供观赏外，还可生食、制作蜜饯。

❀虎 刺

虎刺为亚热带树种，常绿小灌木，高30～70厘米，四季常绿。虎刺花开后小果成团，似翡翠小珠，莹润光洁；入冬由绿转红，经冬不凋，直至第二年初夏，红果犹存，新花开放，红白相映，别具风趣。

❀石 榴

石榴原产伊朗、阿富汗，属于落叶灌木或小乔木。石榴树姿优美，枝叶秀丽，秋季累果悬挂，果实近球形，成熟的石榴皮色鲜红或粉红，常会裂开，露出晶莹如宝石般的籽粒，酸甜多汁。另外，石榴果实中的维生素C含量比苹果、梨要高出一两倍。

攀援缠绕——藤蔓植物

在植物界中，有一类植物的茎非常柔弱、不能直立，靠攀援或缠绕在其他植物或物体上向上生长，这就是藤蔓植物。根据它们的生长特点，人们常为其搭好支架，或种在墙边。

紫　藤

紫藤多被人们栽种在庭院中，用于美化环境。它长得非常快，每年四五月，藤架上就会开满一串串的紫花，发出淡淡的清香。紫藤的花穗和种子可入药，树皮可做工业原料。

丝 瓜

人们把丝瓜种植在庭院中，它们的茎叶顺着竹竿或绳索爬满支架，一株小苗就能造就一片绿荫，不仅能美化环境，果实还可作为蔬菜食用。另外，丝瓜的药用价值很高，全身都可入药。

常春藤

常春藤又称洋常春藤、长春藤，是一种常绿的藤本植物，它的茎上有许多气生根，具有很强的攀援性。在庭院中可用以攀援假山、岩石，或在建筑阴面做垂直绿化材料。

➤常春藤的气生根虽然附着力非常强，但对墙体却不会产生破坏作用。

➤葡萄王国中，还有一种巨峰葡萄，它是名副其实的"重量级冠军"，每一颗能长到乒乓球那么大。

葡 萄

葡萄为落叶藤本植物，是世界最古老的植物之一。它的秧苗会顺着架子或支柱攀援生长，人们利用它的这种特性来搭建遮阳降温的棚子，而葡萄也适应这种搭架栽培。

牵牛花

牵牛花在世界各地都有种植，常在庭院、墙篱边，形成天然的"绿帘花屏"。它的花朵有粉红、淡紫、蓝、白等颜色，形状像喇叭，因此又叫喇叭花。

知识小笔记

常春藤能有效抵制尼古丁中的致癌物质。通过叶片上的微小气孔，常春藤能吸收有害物质，并将之转化为无害的糖分与氨基酸。

昆虫杀手——食虫植物

具有捕食昆虫能力的植物称之为食虫植物。食虫植物一般具备引诱、捕捉、消化昆虫，吸收昆虫营养的能力，猎物甚至包括一些蛙类、小蜥蜴、小鸟等小动物，所以也被称为食肉植物。

稀有种群

食虫植物是一个稀有的种群，已知的食虫植物全世界约 600 多种，它们大多生活在高山湿地或低地沼泽中，以诱捕昆虫或小动物来补充营养物质的不足。

捕蝇草叶子的外侧生有一排刺毛，对外界的触及反应非常敏感。

捕蝇草

捕蝇草是一种非常有趣的食虫植物，在叶的顶端长有一个酷似"贝壳"的捕虫夹，且能分泌蜜汁，当有小虫闯入时，能以极快的速度将其夹住，并消化吸收。

猪笼草

　　猪笼草是有名的热带食虫植物，主产地是亚洲热带地区。猪笼草拥有一幅独特的呈圆筒形的捕虫囊，它能够分泌可以吸引昆虫的腺体，一旦昆虫触到壁上的蜡质时，就会被猪笼草消化掉。

▶猪笼草的捕虫囊内有蜜腺能分泌蜜汁引诱昆虫，昆虫进入捕虫囊后，囊盖并不像人们想象的那样合上，但是捕虫囊的囊口内侧囊壁很光滑，所以能防止昆虫爬出。

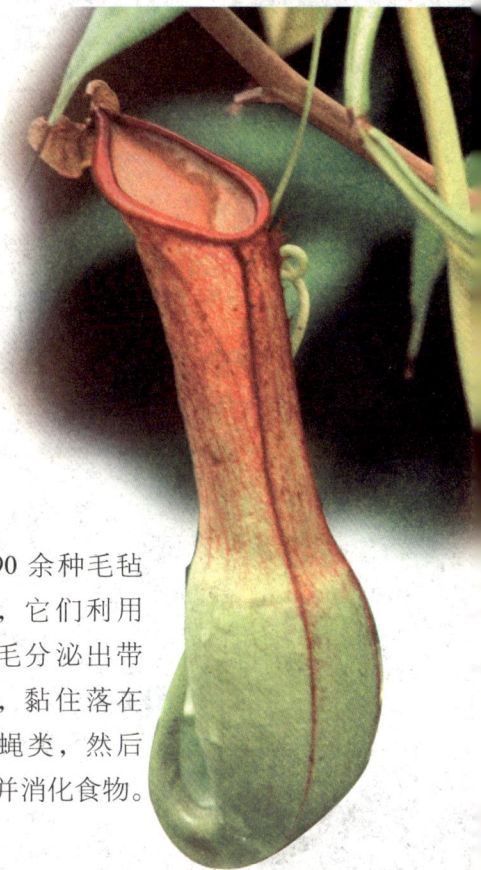

毛毡苔

　　世界上有90余种毛毡苔类食虫植物，它们利用叶片上众多细毛分泌出带甜香味的黏液，黏住落在上面的蚂蚁或蝇类，然后叶片卷起，捕捉并消化食物。

▶毛毡苔爱吃蛋白质，不爱吃油脂，如果把一小块肥肉放在上面，几天都不会被消化掉。

瓶子草

　　瓶子草原产西欧、北美和墨西哥等地，它的叶子成瓶状，并能分泌诱饵以吸引昆虫，当昆虫失足落下，瓶子草就可以将昆虫消化。

知识小笔记

　　食虫植物通常用蜜汁来吸引昆虫。但这些所谓的蜜汁里都含有有毒物质，当昆虫食用了这种毒液，便会神志不清，或麻痹、死亡。

▶瓶子草在瓶形叶接近底部的内壁处，长着许多倒刺，使落入瓶底的昆虫无法逃生。

"毒"挡一面——有毒植物

植物是自然界不可缺少的一部分,提供给人类食物,同时也是重要的工业原料。它们与人们的生活息息相关。但是植物自身的化学成分复杂,其中有很多是有毒的物质,不慎接触到,可能会引起很多疾病,甚至死亡。

夹竹桃

夹竹桃原产伊朗,现广植于热带及亚热带地区,其茎、叶、花朵都有毒,它分泌出的乳白色汁液含有一种叫夹竹桃苷的有毒物质,误食会中毒。不过,它的茎皮纤维为优良混纺原料,茎叶还可制杀虫剂。

水 仙

水仙为石蒜科多年生草本,是中国著名花卉之一,但却有毒,误食后会有呕吐、体温上升、虚脱等症状,严重者发生痉挛、麻痹而死。另外,它的叶和花的汁液可以使人皮肤红肿。

▶水仙的花粉有毒,对咽喉刺激较大。

知识小笔记

最初,人们把毒箭树的有毒汁液涂在箭头上,用来杀死猛兽,它可以使野兽的血液凝固并死亡。

▶因为夹竹桃的吸尘能力特别强,所以常被大量栽种在道路两边。

毒箭树

毒箭树亦称"见血封喉"，它生长集中的广东湛江和海南等地，当地人都把它叫做"鬼树"，它的毒液成分是见血封喉贰，如果不小心把毒液溅到眼睛里，可以使眼睛顿时失明。

曼陀罗

曼陀罗又叫醉仙桃，它在夏季开花，花朵为纯白色，筒状，花冠是漏斗形的，像一只小喇叭。漂亮的曼陀罗全株都有毒，种子毒性最强，不小心碰到它们就会引起中毒。

▶曼陀罗

虞美人

虞美人花姿美好，色彩鲜艳，但全株有毒，尤其以果实的毒性最大，误食后会引起中枢神经系统中毒，严重的甚至可导致生命危险。

▶花色艳丽的虞美人

貌似植物——菌类

大雨后的草地上，常常会出现像草帽一样的蘑菇，可能人们会认为它们是植物，其实不然，它们只是长得像植物。因为它们没有根、茎、叶，也没有制造养分的叶绿素，只能靠吸取其他动植物的养分为生。

与植物的区别

从表面上看，菌类与植物的生长形式类似，但植物是通过叶片从阳光中吸取能量，制造叶绿素来供给自身生长的营养，菌类没有这种能力，因此不是植物家族的成员。

菌类的分类

菌类大约有9万多种，分为细菌、放线菌和真菌三大类。菌类的生活环境比较广泛，在水、空气、土壤以至动、植物的身体内，均可生存。

菌类植物不能进行光合作用，无法自己制造营养物质，只能通过寄生或者腐生的方式来生存。

猴头菇

猴头菇因为外形像一只毛猴的脑袋而得名。它是中国传统珍贵食用菌，与熊掌、海参、鱼翅并称"四大名菜"，并有"山珍猴头、海味燕窝"之说。

→猴头菇的外形似猴子的头，因而得名。其孢子透明无色，表面光滑，呈球形或近似球形。

自然界的"清洁工"

自然界中每天都有数以万计的生物在死亡，有无数的枯枝落叶和大量的动物排泄物等，细菌和真菌就担当着"清洁工"的重任，它们最大的本领就是把死亡了的复杂有机体分解为简单的无机物，这一过程，就是它们清除大自然"垃圾"的过程，也是自然界物质循环的过程。

知识小笔记

木耳也叫黑木耳，是一种营养丰富的食用真菌，它略呈耳形，黑褐色，常常生长在树干上，湿润时半透明，干燥时革质。

香　菇

香菇是一种生长在木材上的真菌类，味道鲜美，香气沁人，营养丰富，素有"植物皇后"美誉。香菇还富含铁、钾等人体所需要的营养元素，味甘，性平。还可以主治食欲减退、少气乏力等症。

→香菇被视为"菇中之王"，在世界上人工栽培最早。

濒临灭绝——珍稀植物

世界上有一些植物特别珍贵，它们的数量非常少，因为外界或自身的原因，正面临着濒临灭绝的危险。因此，这些植物被人们称为"珍稀植物"。

"茶族皇后"

金花茶是一种古老的植物，极为罕见，分布极其狭窄，全世界90%的野生金花茶仅分布于我国广西十万大山的兰山支脉一带，生长于海拔100～200米的一些低缓丘陵上，数量极少，是世界上稀有的珍贵植物。它金瓣玉蕊，蜡质金黄，晶莹光洁，鲜丽俏艳，被荣称"茶族皇后"。

↟ 山茶花

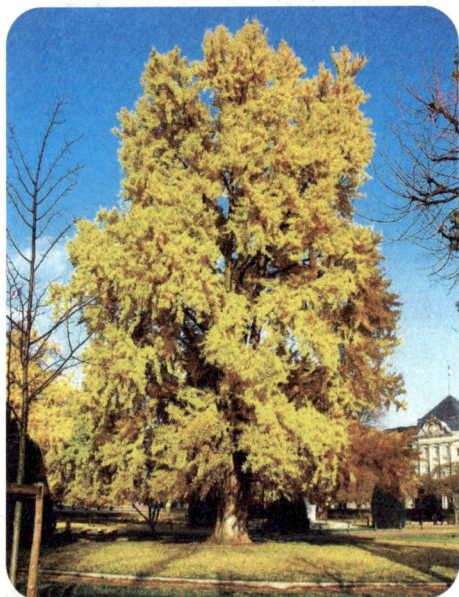

银 杏

银杏又叫白果树，是一种古老而珍贵的落叶乔木，至今自然生长的野生银杏十分稀少，只有在我国浙江西天目山的深谷之中以及其他极少数地区，有少量银杏的原始林分布。

↟ 银杏树

✿珙 桐

珙桐原产中国，初夏开花，花形奇特，似白色鸽子，随风而舞，极为漂亮，被人称为"中国鸽子树"。由于森林的砍伐破坏及挖掘，目前数量较少，分布范围也日益缩小，该物种已被列为中国国家一级重点保护野生植物。

珙桐是第四纪冰川南移时幸存下来的"遗老"，所以也有"活化石"之称。

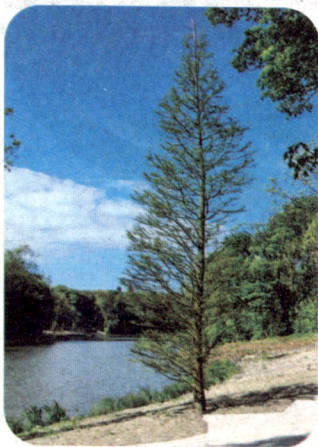

水杉

✿水 杉

水杉素有"活化石"之称，垂直分布一般为海拔 800 ~ 1 500 米。水杉树形优美，树干高大通直，生长快，是亚热带地区平原绿化的优良树种，也是速生用材树种。

知识小笔记

我国建立了最大的人工培育水杉基地——大丰水杉基地。

✿桫 椤

桫椤产于热带亚热带山地，中生代时在地球上广泛分布，它生长缓慢，生殖周期较长，它有根、茎、叶的分化，但不能开花结果，所以它比高等植物略低一等。

桫椤的茎富含淀粉，可供食用，也可入药，具有较高的经济价值，是国家一级保护植物。

动起来——会运动的植物

很多人都觉得植物似乎是静止的，然而实际情况却并非如此，在植物世界中，有不少植物还带有较为明显的"运动"特征，如向光性、向重性、向触性、向水性，等等。

含羞草

植物与动物不同，没有神经系统，没有肌肉，不会感知外界的刺激，而含羞草与一般植物不同，它在受到外界触动时，叶会下垂，小叶片闭合，此动作被人们理解为"害羞"，故称为含羞草。

含羞草与其他含羞草属植物的主要分别在于其茎带红色，可入药。

当今许多植物园都种植有舞草，作为会动的植物宠物，舞草备受关注。

知识小笔记

向日葵是俄罗斯的国花，它被誉为向往光明之花，象征着给人们带来美好的希望。

舞 草

舞草看起来很普通，可是当人们对它讲话或唱歌时，舞草的小叶片会左右舞动，宛如小草听到你的声音翩翩起舞，因而人们称它为舞草。

✿风滚草

在我国东北和北美洲的大草原上，有一种会"走路"的植物，名叫"风滚草"。每当秋天，风滚草的枝条都向内弯曲，卷成一个圆球。秋风一吹，"圆球"就脱离根部，拔地而起，开始滚动旅行，直到春暖花开，才停止漂泊，扎根安家。

❀睡　莲

睡莲的花朵会随着太阳的起落而变化。清晨，随着太阳的升起，它会把花瓣慢慢展开，当太阳落山时，它又会把花瓣渐渐关闭，仿佛花晚上也要睡觉，睡莲也因此而得名。

◄ 睡莲的花朵在晚上闭合是为了防止娇嫩的花蕊被冻伤。

✿向日葵

向日葵从发芽到花盘盛开之前，它的叶子和花盘每天都会追随太阳从东转向西。太阳落山后，向日葵的花盘又慢慢往回摆。这是因为向日葵对阳光十分敏感，在阳光的照射下，生长素在向日葵背光一面的含量急剧升高，刺激背光面细胞拉长，从而慢慢地向太阳转动。

也有"性格"——植物的人性

植物是我们的好朋友，虽然它们没有神经系统，没有肌肉，但它们也有自己特殊的"生理语言"，可以反映自己的需要。植物朋友们像人一样，喜欢听音乐，也会生病。

择邻而居

植物之间也是择邻而居的，有些植物可以和平共处、互不侵犯，甚至还可取长，互助互利。有些植物却像死对头，彼此都有相互抑制作用，它们会抑制对方的生长，不是一方受害，就是两败俱伤。

植物中的"亲家"

玉米和大豆是"亲家"。玉米需要氮肥，大豆的根瘤菌能把空气中的氮固定在土壤里，供玉米吸收利用。所以，它们成了亲密的好"邻居"。洋葱和胡萝卜是一对好朋友，它们各自散发出来的特殊气味，能帮对方把害虫赶走。

紫色的大豆花

🌸会发烧的树木

生病的树木与人一样也会发烧。原来树木生病后，树根吸收水分的能力就会下降，整个树木得不到所需要的水分，树温就会相应地升高了。根据病树会发烧这个现象，人们可以根据温度来判断哪片森林有病，从而及时采取有效的治疗措施。

🍀植物中的"冤家"

如果让番茄和黄瓜生活在同一个"房子"里，它们就会彼此天天赌气，不好好生长，因而导致减产。如果将甘蓝和芹菜种在一起，两者生长都不会好，甚至死亡。

🍀喜欢音乐的植物

科学实验证明，植物还能欣赏音乐。原来，音乐的声波能使植物表面的气孔增大，从而促进了植物的生命活动。印度有一位音乐家让水稻每天听 25 分钟音乐，结果发现了听音乐的水稻比没有听音乐的平均产量高出许多。

知识小笔记

当一棵大树被锯倒后，在锯面处可以看见一圈圈的轮纹，每一圈代表植物生长了一年，也就是长了一岁，所以，科学家就把这些代表了植物年龄的轮纹称为"年轮"。

浪漫传奇——与传说有关的植物

你知道吗？其实，在看似平凡的植物背后也有一个个动人优美的故事传说，是它们赋予了植物新的生命和深刻的内涵。这些传说至今仍经久不衰，影响深远。

圣诞树

传说在几百年前的一个圣诞夜，有位老人到一户人家讨饭，受到了热情的款待。临走时，老人顺手折下一根树枝插在地上，树枝立刻变成了大树，并挂满了礼物，这就是圣诞树。

知识小笔记

古希腊神话中，桂花是被用来献给科学和艺术之神的，因此往往授给著名的诗人以"桂冠诗人"的称号。

虞美人

当年项羽被刘邦围困陔下，半夜在军帐里饮酒悲歌，项羽的爱姬虞美人也一边歌唱，一边跳舞。舞罢，抽剑自刎。虞美人死后被埋葬，后来坟墓上长出一种草来，形状像鸡冠花，只要有人唱《虞美人》曲，这种草就合着拍子起舞，因此民间称其为"虞美人"。

向日葵

传说古希腊女神暗恋太阳神阿波罗，终日盼不到他的爱。于是，众神就将她变成花，好让她可以终生追随太阳神。向日葵便因花随太阳转动而得名。

◀ 向日葵别名太阳花，是一种可高达3米的大型一年生菊科向日葵属植物。其盘型花序可宽达30厘米。

紫罗兰

在欧洲，紫罗兰是象征爱情的花朵。在希腊神话中，主管爱与美的女神维纳斯因情人远行，依依惜别，晶莹的泪珠滴落到泥土上，第二年春天竟然发芽生枝，开出一朵朵美丽芳香的花儿来，这就是紫罗兰。

牡丹的传说

据《镜花缘》中记载的传说，一次武则天因酒醉在冬天下诏，令百花全部开放，没想到"时至众花多开，唯牡丹不从"，武则天一怒之下，将所有牡丹贬至洛阳，因此洛阳成为牡丹之乡，有"洛阳牡丹甲天下"之说。

无声的表达——植物物语

植物物语是各国、各民族根据各种植物的特点、习性和传说典故，赋予它们不同的人性化象征意义。人们用植物来表达自己的语言，表达内心的某种感情与愿望。

爱情之花

玫瑰花是美神的化身，是爱情之花，象征着纯洁的爱和美丽。特别是 2 月 14 日西方情人节，在爱情之河畅游的年轻人，都会用此花献给自己的心上人来表达感情。

母爱之花

康乃馨花色娇艳，芳香迷人，代表着对母亲无限的爱，营造了温馨的氛围，有祝母亲健康平安的寓意。随着母亲节的兴起，正日益风靡世界，成了全球销量最大的花卉。

纯洁之花

　　清新脱俗的百合花散发着淡淡的清香，代表着纯洁、高雅和财富，还象征着百年好合、永结同心，在婚礼上，也常常是新娘的手捧花。

　　百合是百合科百合属多年生草本球根植物，主要分布在亚洲东部、欧洲、北美洲等北半球温带地区，全球已发现有一百多个品种，中国是其最主要的起源地，其中55种产于中国。

甜　菜

　　在西方，甜菜是拒婚的表示。古代波斯人认为甜菜是一种不吉祥的东西，如果一个小伙子到姑娘家求婚，款待他的是甜菜，那就表示求婚无望了。

> **知识小笔记**
>
> 　　花语最早起源于古希腊，那个时候不止是花，叶子、果树都有一定的含义。在希腊神话里记载过爱神出生时创造了玫瑰的故事，玫瑰从那个时代起就成为了爱情的代名词。

　　长寿花为肉质植物，体内含水分多，比较耐干旱。生长期不可浇水过多，每2～3天浇1次水，盆土以湿润偏干为好。

长寿花

　　原产于非洲的长寿花，代表的花语是大吉大利、长命百岁。它枝密叶肥，花繁叶茂，花期较长，可以从冬至春长期开花，在节日赠送亲朋，也非常合适。

意寓深远——国花

国花是指以自己国内特别著名的花作为国家表征的花，是一个国家领土完整、历史文明悠久、文化灿烂、民族团结、高尚人格的象征。

希腊国花

橄榄树象征着希腊民族的骄傲、国家的繁荣。举行竞赛时，以橄榄枝做桂冠，奖励优胜者，还把橄榄枝作为和平的标志。

◀ 橄榄花

日本国花

在日本所有公园里，满目都是樱花。日本人民认为樱花具有高雅、刚劲、清秀、质朴和独立的精神，象征着勤劳、勇敢、智慧，因此定其为国花。

荷兰国花

荷兰的国花是郁金香，在那里，郁金香是美好、庄严、华贵和成功的象征。荷兰的郁金香誉满全球，郁金香为热爱它的人们带来了多姿多彩的幸福生活。此外，土耳其、匈牙利、伊朗、新西兰也把郁金香定为本国国花。

→ 几百年前，在荷兰，郁金香曾身价千金，一个名贵品种甚至可以换来一座别墅。

意大利国花

雏菊是菊科多年生草本植物，它的叶为匙形，密集矮生，颜色碧翠。花朵娇小玲珑，色彩和谐。具有君子风度和天真烂漫风采的雏菊，深得意大利人的喜爱，因而被推举为国花。

↑ 雏菊

巴西国花

毛蟹爪兰是原产巴西、墨西哥热带雨林中的一种附生植物。它体色鲜绿，茎多分枝，常成簇而悬垂，一根枝条由若干节组成，每节呈倒卵形或长椭圆形，数节连贯，似蟹爪，因而得名。毛蟹爪兰以其株形优美、花色艳丽深受花卉爱好者的欢迎。

→ 毛蟹爪兰的根紧紧攀附在巨树高枝或悬崖峭壁上，不为风雨所动摇。

知识小笔记

在西班牙的国徽上，有一个作为国花的红色石榴。石榴树是富贵、吉祥、繁荣的象征。在西班牙，石榴树随处可见。

国家象征——国树

苍劲挺拔、婀娜多姿的树木，是大自然赋予人类的宝库，许多国家把一些经济价值较大的或者有观赏价值的树木誉为国树，用以代表各自民族的精神。

澳大利亚国树

桉树是澳大利亚人最喜欢的植物之一，也是澳大利亚的国树。在澳大利亚，桉树代表着不畏艰难困苦、勇往直前、奋力拼搏的精神，此外，桉树叶也是澳大利亚珍兽考拉的重要食物。

▶茂密的桉树林

知识小笔记

雪松在《圣经》上被称为植物之王，在黎巴嫩，它被誉为国树，代表着坚忍不拔的斗争精神和人民的力量，同时还象征纯洁和永生。

印度国树

菩提树又叫阿里多罗、印度菩提树、思维树、觉树等，因为释迦牟尼在菩提树下苦修成佛而得名。佛门弟子把它信奉为圣树，印度将其定为国树。

◀菩提树只适于长在热带和亚热带，在我国南方很多寺院较常见，北方的气候冷，不适宜栽种菩提树。

加拿大国树

枫树是加拿大的国树。加拿大境内多枫树，素有"枫叶之国"的美誉，长期以来，加拿大人民对枫叶有着深厚的感情，国徽上有枫叶，国旗正中绘有一片红色枫叶。

▲ 橄榄树

希腊国树

希腊的国树是油橄榄树，在雅典大街小巷到处可见。油橄榄与希腊人民心目中的神圣女神雅典娜是分不开的。该树记述着希腊人民追求和平的历史，提醒人民珍惜来之不易的和平生活。

泰国国树

泰国人民认为桂树象征着吉祥如意。当地桂树一般在 3 ～ 6 月开花，桂树长有许多向下垂的黄色花朵，摇曳起伏，金光闪闪，就像挂着一串串金锁链，所以又被称为"黄金雨"。

▲ 美丽的桂花

花中之王——牡丹

牡丹是我国特有的木本名贵花卉，花大色艳、雍容华贵、富丽端庄、芳香浓郁，而且品种繁多，素有"国色天香""花中之王"的美称，长期以来被人们当做富贵吉祥、繁荣兴旺的象征。

❀牡丹的分布

中国是牡丹的发祥地和世界牡丹王国。它主要分布于黄河中、下游地区，包括山西、河南、河北、山东等省。其中，中原地区的栽培历史最为悠久，是中国牡丹的主要栽培中心。

↟牡丹寿命可达百年至数百年

❁花朵的分类

牡丹花大色艳，品种繁多。根据花瓣层次的多少，传统上将花分为单瓣（层）类、重瓣（层）类、千瓣（层）类。在这三大类中，又视花朵的形态特征分为：葵花型、荷花型、玫瑰花型、半球型、皇冠型、绣球型六种花型。

↞牡丹的芽外由6～8枚鳞片所包，所以牡丹芽又称"鳞芽"。牡丹以鳞芽越冬。牡丹的芽按功能和分化程度分为花芽、叶芽、潜伏芽和不定芽四种。

❇ 多样的颜色

牡丹系以八大色著称，如白色的"夜光白"、蓝色的"蓝田玉"、红色的"火炼金丹"、墨紫色的"种生黑"、紫色的"首案红"、绿色的"豆绿"、粉色的"赵粉"、黄色的"姚黄"。还有花色奇特的"二乔""娇容三变"等，另外，在同一色中，深浅浓淡也各不相同。

❇ 生活环境

绝大多数品种的牡丹都喜欢阳光充足、稍耐半阴的环境，如果在花期时遮阴，开花效果会更好，花期也可以适当延长，特别是对一些不耐日晒的品种更是必要。

❇ 药用价值

牡丹除了观赏之外，它的根皮称为丹皮，可以入药，里面含有牡丹香醇、安息香酸和葡萄糖等，有清热凉血、活血行瘀的功效。

🌼 洛阳是牡丹的故乡，牡丹是洛阳市市花，别名"洛阳红"。

知识小笔记

从唐代起，人们就推崇牡丹为"国色天香"，由于历代举国一致地珍视和喜爱，实际上已经赋予牡丹以国花的崇高地位。

花中西施——杜鹃

杜鹃花十分美丽,它树姿优美,开花时灿烂夺目,每年春天来临时,千万朵美丽的杜鹃花开遍山野,会把整个山坡映得一片火红,所以它又有"映山红"这样一个别称。

分布

杜鹃花属很大,种类极富变化,约含800种。主要原产于北温带,特别是喜马拉雅山脉、东南亚及马来西亚山区的潮湿酸性土壤,在该处形成浓密的灌丛。

知识小笔记

黄色杜鹃的植株和花内均含有毒素,误食后会引起中毒;白色杜鹃的花中含有四环二萜类毒素,中毒后引起呕吐、呼吸困难、四肢麻木等。

杜鹃花的花萼、花冠、雄蕊、雌蕊四部分俱全,属于完全花。

超强的生命力

杜鹃花的根很浅,分布广,能固定在表层泥土上。杜鹃花的生命力超强,既耐干旱,又能抵抗潮湿,无论是大太阳或树荫下它都能适应。

杜鹃花喜通小风。通风不良容易出现病虫害,但是它也怕大风,尤其是干燥的大风和干热风,对它影响很大。

🍀净化大师

　　杜鹃花不怕都市污浊的空气，因为它长满了绒毛的叶片，既能调节水分，又能吸住灰尘，最适合种在人多车多空气污浊的大都市，可以发挥净化空气的功能。

　　↑华北、东北常见的迎红杜鹃，开淡紫色的花，呈漏斗形，并且花先于叶开放。

　　→杜鹃在全世界有 800 多个品种，我国就有 650 多种。不同种类的杜鹃高矮相差很大，小的种类身高还不到 1 米，而大的种类如大树杜鹃，高达数十米。

🌼实用价值

　　杜鹃花花繁叶茂，绮丽多姿，耐修剪，根桩奇特，是优良的盆景材料。除作观赏，有的叶花可入药或提取芳香油，有的花可食用，树皮和叶可提制烤胶，木材可做工艺品等。

🌸杜鹃醉鱼

　　在四川有一处风景名胜叫碧塔海，这里有一处"杜鹃醉鱼"的奇景。当杜鹃花盛开的季节，花瓣在湖中，成群结队的鱼误食了有毒的花瓣后，都翻着白色的肚皮"醉"浮在水面上。"杜鹃醉鱼"由此而得名。

名花之首——梅花

梅花是世界著名的观赏花木，尤以风韵美著称，每当冬末春初，疏花点点，清香宜人。自古以来人们爱梅、赏梅、画梅、咏梅，形成了特有的梅文化。

❀种类繁多

梅花品种及变种很多，目前大品种有30多个，下属小品种有300多个，其品种按枝条及生长姿态可分为叶梅、直角梅、照水梅和龙游梅等类；按花色花型可分为宫粉梅、红梅、照水梅等。

→紫梅的重瓣呈紫色，有一点淡香。

❀多样的花色

梅花的颜色有很多种，比如紫红、粉红、淡黄、淡墨、纯白等。如果成片栽培的话，那种缤纷怒放的情形让人沉醉，有的艳如朝霞，有的白似瑞雪，有的绿如碧玉。

◄绿萼型梅花的主要特征是萼片为绿色，花多为白色或近白色，重瓣雪白，香味袭人。

精神象征

梅花是中华民族的精神象征，具有强大而普遍的感染力和推动力。梅花象征坚忍不拔、不屈不挠、奋勇当先、自强不息的精神品质。别的花都是春天才开，它却不一样，愈是寒冷，愈是风欺雪压，花开得愈精神，愈秀气。

▲ 梅花具有很高的观赏价值

▲ 品赏梅花一般着眼于色、香、形、韵等方面。

知识小笔记

腊梅与梅花两者在植物学上既不同科，也不同属，花色、花形、株形等均不相同，只因同是一个"梅"字，香味又略有相似处，因此往往被人误认为是同种。

药用价值

梅花的药用范围很广，它的花蕾能开胃散郁、生津化痰、活血解毒，根研末可治黄疸。此外，梅花还可提取芳香油。

梅花的香味

梅花的香味别具神韵，清逸幽雅，被历代文人墨客称为"暗香"。那种香味让人难以捕捉却又时时沁人肺腑、催人欲醉。探梅时节，徜徉在花丛之中，微风阵阵略过梅林，犹如浸身香海，通体蕴香。

▲ 梅花树皮漆黑而多糙纹，其枝虬曲苍劲嶙峋，有一种饱经沧桑、威武不屈的阳刚之美。

花中珍品——茶花

茶花又叫山茶，是一种名贵的观赏植物。因其植株形姿优美，叶浓绿而光泽，开花时色彩夺目，象征战斗胜利，被誉为胜利之花，从而受到世界园艺界的珍视。

美丽的茶花

茶花是山茶属植物，具有天生的芒姿丽质。它干美枝青叶秀，花色艳丽多彩，花姿优雅多态，气味芬芳袭人，使人观后赏心悦目，心旷神怡。

→ 茶花是美的象征，鲜丽的山茶花是山茶树的精华。

分类花色

茶花的花型大致可分为单瓣、重瓣和完全重瓣。茶花的花色以红色占大多数，其他的还有粉红、紫色、白色、黄色、粉白以及玫瑰绫纹等色，另外，还有一种茶花树可以开出不同的花色。

↑ 叶子边缘有细锯齿，呈卵形或椭圆形。

↑ 洁白芬芳的茶花

知识小笔记

在大理白族，当地人把山茶花推为百花之王，每年农历二月初九到十五，定为"朝花会"，家家门前堆花山，花山顶上定是一盆盛开的山茶花。

实用花卉

山茶花在我国已有一千多年的栽培历史，品种极多。除用于观赏外，其木材细致，可用于雕刻，种子可榨油。此外，因它四季常青，冬季开花的特性，也可以在城市、企业园林绿化方面得到广泛的应用。

珍贵的金花茶

金花茶是山茶花家族中唯一拥有金黄色花瓣的品种，自古有"茶花金色天下贵"的美誉。这种植物分布区域狭窄，且成活率低，是世界稀有的珍贵植物，一直被视为"植物界的大熊猫"，是国家一级保护植物。

◆ 茶花色艳丽多彩，花型秀美多样，花姿优雅多态，气味芬芳袭人，是我国南方重要的植物造景材料之一。

净化空气

茶花植株具有很强的吸收二氧化碳的能力，对二氧化硫、硫化氢、氯气、氟化氢和烟雾等有害气体，都有很强的抗性，因而能起到保护环境、净化空气的作用。

天下第一香——兰花

兰花是中国传统名花,自古以来就以其简单朴素的形态、高雅俊秀的风姿、文静的气质、刚柔兼备的秉性和"在幽林亦自香"的美德而赢得了人们的敬重,被尊为"花中君子"。

❄种类繁多

全世界有2万多个兰花的品种,通常分为中国兰和洋兰。在中国,兰花一般指兰属的植物,如春兰、蕙兰、建兰及墨兰等,主要分布在长江流域以南诸省区,而洋兰大多分布在热带和亚热带地区。

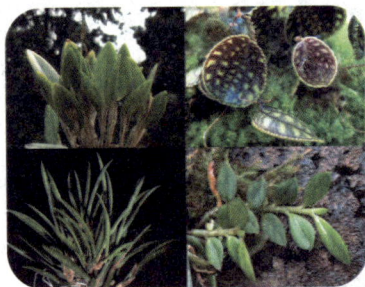

叶片不同品种的兰花

雅俗共赏的兰花是一种以香著称的花卉。它幽香清远,一枝在室,满屋飘香,被人颂为"国香"。

✿生活习性

兰花喜阴凉潮湿,忌阳光、干燥,喜富含大量腐殖质、排水良好、微酸性的沙质土壤,宜空气流通的环境。

药用价值

兰花的根、叶、花、果、种子均有一定的药用价值。它的根可以治肺结核、肺脓肿及扭伤，也可接骨，它的叶子还可以治百日咳，果能止呕吐。

食用价值

兰花的香气清新、醇正，用来熏茶，品质最高。兰花不仅可做汤，还可做菜肴，是筵席上的著名川菜，清香扑鼻，缭绕席间，食之令人终生难忘。

➤ 兰花的根是丛生的须根系，上面没有根毛，按结构可分为内、中、外三部分，最外层为包围全根的根皮组织。根内贮藏着丰富的水分和养料。

知识小笔记

20世纪60年代早期，法国科学家首次把组培技术用于兰花繁殖。1966年，第一株分生无性系兰花在美国培育成功。

兰花的喻意

兰花以它特有的叶、花、香，给人以极高洁、清雅的优美形象。古今名人对它品价极高，被喻为"花中君子"。古代文人常把诗文之美喻为"兰章"，把友谊之真喻为"兰交"，把良友喻为"兰客"。

➤ 兰花所散出的香气，虽能让人心旷神怡，但久闻之会令人过度兴奋而引起失眠。

翩翩起舞——蝴蝶兰

蝴蝶兰在洋兰世界中被誉为"洋兰王后"，是热带兰中的珍品。其花形如彩蝶飞舞，色彩艳丽，是国际流行的名贵花卉，在世界各国被广为栽培。

分　布

蝴蝶兰是在 1750 年发现的，迄今已发现 70 多个原生种，大多数产于潮湿的亚洲地区，自然分布于阿隆姆、缅甸、印度洋各岛、南洋群岛、菲律宾以至台湾岛，其中，以台湾岛出产最多。

鲜艳夺目的花朵

蝴蝶兰鲜艳夺目，既有纯白、鹅黄、绊红，也有淡紫、橙赤和蔚蓝。有不少品种兼备双色或三色，每枝开花七八朵，多的十二三朵，可连续观赏六七十天。当全部盛开时，仿佛一群列队而出的蝴蝶正在轻轻飞翔。

象耳蝴蝶兰

特殊的气生兰

蝴蝶兰能吸收空气中的养分而生存，归入气生兰范畴，但它的植株非常奇特，既无匍匐茎，也无假球茎。每棵只长出数张汤匙般肥厚的阔叶，交互叠列在基部之上。白色粗大的气根则露在叶片周围，有的攀附在花盆的外壁，极富天然野趣。

❋红珍珠

红珍珠是蝴蝶兰的一个新品种，其花型圆整，排列整齐，萼片和花瓣都呈紫红色，有深红脉纹和少量雪花点，另外，它18个月就可成花，植株花梗粗壮，总花朵数最多达20朵以上。耐热性和耐寒性均较强。

❋怕冷的蝴蝶兰

由于蝴蝶兰出生于热带雨林地区，喜高温、高湿、半阴的环境，生长适温为 15～20℃，在冬季10℃以下就会停止生长，低于5℃容易死亡。

🌼知识小笔记🌼

兰花有君子之风，而蝴蝶兰象征着友谊与爱情纯洁高贵、丰盛快乐、吉祥与长久。

出泥不染——荷花

荷 花原产我国，以中国传统十大名花著称于世，它花大色艳，亭亭玉立，出淤泥而不染，迎骄阳而不惧，姿色清丽而不妖，成为中国园林水景的重要花卉。

🍀美丽的花朵

荷花的花瓣有单瓣、复瓣、重台、千瓣之分，颜色也有深红、粉红、白及间色等变化，它的花期一般在 6 ~ 9 月，其中花径最大可达 30 厘米。

🔸清香四溢的荷花被视为花中仙子，成为高尚品德的象征。

🍀特殊的生长方式

荷花的根茎种植在池塘或河流底部的淤泥上，而荷叶挺出水面。在伸出水面几厘米的花茎上长着花朵。

🔸多花型荷花又称千瓣莲，是荷花当中的珍品，它的一个花蕾内包含两个以上的花蕊。

使用价值

荷花的地下茎是莲藕，叶是荷叶，果实是莲蓬，种子为莲子。莲藕和莲子可以食用，荷花的花、嫩叶也都可以食用，大的莲叶还可以用于包装食物。

▶荷花的根茎，也就是藕，横生于水底淤泥中，可以食用。

圣洁的代表

荷花是圣洁的代表，更是佛教神圣净洁的象征。荷花清洁无暇，很多人都以荷花"出淤泥而不染，濯清涟而不妖"的品质作为激励自己洁身自好的座右铭。

知识小笔记

在江南民间，人们把农历6月24日作为荷花的生日，每到这一天，人们就结伴观赏荷花。

▶荷花还是友谊的象征和使者，中国古代民间就有春天折梅赠远、秋天采莲怀人的传统。

长寿的种子

荷花可以用种子或根茎繁殖，特别的是，荷花的种子莲子可以存活上千年。有科学家培育了一些有千年历史的莲子，繁殖出来的荷花依然生机盎然。在仰韶文化遗址中发现的两枚古莲子，其历史超过3 000年。

▶莲蓬，莲花的果实，晒干后，莲蓬可以用于插花。莲蓬孔洞内的小坚果，即莲子。

凌波仙子——水仙

水仙原产欧洲，据记载，唐代自意大利传入中国，作为名贵花卉栽培，至今已有 1 000 多年的历史了。它叶姿秀美，花香浓郁，亭亭玉立水中，故有"凌波仙子"的雅号。

水仙花的品种

水仙花主要有两个品种：一是单瓣，花冠色青白，花萼黄色，中间有金色的冠，形如盏状，花味清香，所以叫"玉台金盏"，花期约半个月；另一种是重瓣，花瓣十余片卷成一簇，花冠下端轻黄而上端淡白，名为"百叶水仙"或称"玉玲珑"，花期约20天。

寒冬时节，百花凋零，而水仙花却叶花俱在，仪态超俗。

黄水仙是愚人节的象征，这一天，美国家庭习惯用水仙花和雏菊装饰房间，组织家庭舞会。

知识小笔记

水仙是一种多年生植物，它是靠鳞茎来繁殖的，如果将那些已开过花的鳞茎再埋到土里，它就可以继续生长繁殖。

顽强的生命力

水仙花是点缀元旦和春节最重要的冬令时花，它通常是在浅盆中栽培，只需要适当的阳光和温度，再需要一勺清水、几粒石子，就能生根发芽。

有毒的水仙

水仙的毒性为全草有毒，鳞茎毒性较大。误食后有呕吐、腹痛、脉搏频微、出冷汗、呼吸不规律、体温上升、昏睡、虚脱等症状，严重者发生痉挛、麻痹而死。

🌼 水仙在栽培过程中，如果因为栽培的季节、方法不当，可能会造成花葶中途夭折，花蕾枯萎或花未开先衰的现象，这叫做"哑花"。

🌼 黄水仙又名喇叭水仙，它的花茎挺拔，花朵硕大，花色温柔和谐，清香诱人，是世界著名的球根花卉。

🌼 水仙花的别名很多，如天葱、雅蒜、金盏银台、玉玲珑等。

希腊神话中的水仙

在希腊神话中，水仙原是个美男子，他不爱任何一个少女，而有一次，他在一山泉饮水，见到水中自己的影子时，便对自己发生了爱情。当他扑向水中拥抱自己影子时，灵魂便与肉体分离，化为一株漂亮的水仙。

花中君子——菊花

菊花是中国传统名花，它隽美多姿，不以娇艳姿色取媚，却以素雅坚贞取胜，盛开在百花凋零之后，自古以来被视为高风亮节、清雅洁身的象征，它和梅、兰、竹一起被人们誉为"四君子"。

悠久的历史

菊花原产于我国，中国是世界菊花的起源中心，分布有较多的野生菊花。中国栽培菊花具有3 000多年的栽培历史，早在古籍《礼记》中就有"季秋之月，菊有黄花"的记载。

▲ 菊花喜欢阳光充足、气候凉爽、地势高、通风良好的生长环境。

品种繁多的菊花

中国目前拥有3 000多个菊花品种，从其花色上分有黄、白、紫、绿等色，并有双色种；从花形上分有单瓣、复瓣、扁球、球形、外翻、龙爪、毛刺、松针等形；从栽培方式上分有立菊、独本菊、大立菊、悬崖菊、花坛菊、嫁接菊；从花期上分有春、夏、秋、冬、四季菊等。

▲ 粉面金刚也是菊花的一个品种，适合于盆植，它的花正面淡紫色，背面粉白。

🍀 观赏价值

菊花有其独特的观赏价值，人们欣赏它那千姿百态的花朵、姹紫嫣红的色彩和清隽高雅的香气，尤其在百花纷纷枯萎的秋冬季节，菊花傲霜怒放，它不畏寒霜欺凌的气节，也正是中华民族不屈不挠精神的体现。

▶中国人极爱菊花，从宋代起，民间就有一年一度的菊花盛会。

🌸 药用价值

菊花为菊科多年生草本植物，是我国传统的常用中药材之一，主要以头状花序供药用，它有清凉镇静的功效，可以治头痛、眩晕、血压亢进、神经性头痛及眼结膜炎等症。

🌸 精神象征

中国赋予菊花高尚坚强的情操，以民族精神的象征视为国粹受人爱重，菊作为傲霜之花，一直为诗人所偏爱，古人尤爱以菊名志，以此比拟自己坚贞不屈的高尚情操。

▶菊花与玫瑰、剑兰、香石竹、郁金香一起并称为"世界五大鲜切花"。

知识小笔记

日本科学家采用等离子束照射技术培育出了一批新品种的菊花，每一朵菊花上能同时有五六种颜色，花瓣花纹也深浅不同。

优雅女神——郁金香

郁金香原产地东亚土耳其一带,别名洋荷花,它属于百合科多年生草本植物,经过园艺家长期的杂交栽培,目前全世界已拥有8 000多个品种。

种类繁多的郁金香

郁金香品种繁多,花形有杯形、碗形、卵形、球形、百合花形、重瓣形等;花色也有白、粉红、紫、褐、黄、橙等,深浅不一,单色或复色;花期有早、中、晚。

知识小笔记

荷兰已成为首屈一指的"郁金香大国",畅销120多个国家,郁金香和风车、奶酪、木鞋成为荷兰的"四大国宝"。

生活习性

郁金香原产伊朗和土耳其高山地带,形成了适应冬季湿冷和夏季干热的特点。喜温暖、湿润、夏季凉爽的环境;宜富含腐殖质、排水良好的沙质土壤。

❀黑郁金香

黑郁金香所开的黑花，并不是真正的黑色，它只是红到发紫的暗紫色而已。这些黑花大都是通过人工杂交培育出来的杂种，诸如荷兰所产的"黛颜寡妇""绝代佳丽""黑人皇后"等品种所开的花都不是纯黑的。

❀用　途

郁金香花朵似荷花，花色繁多，色彩丰润、艳丽，是世界上著名的球根花卉，在欧美的小说、诗歌中，它被视为胜利和美好的象征，也可代表优美和雅致。适合点缀庭院、切花和盆栽。

❀郁金香在荷兰

荷兰是欧洲的花园，鲜花之国，荷兰是种植葱属植物的全球领袖，花卉产量占荷兰农业总产量的3.5%，而郁金香是其中种植最广泛的花卉，它不仅是荷兰主要的出口创汇商品之一，也是荷兰的国花，是美好、庄严、华贵和成功的象征。

爱情使者——玫瑰

玫瑰又被称为刺玫花、徘徊花、刺客,属于蔷薇科蔷薇属灌木。长久以来都是美丽和爱情的象征。因玫瑰花可提取高级香料玫瑰油,玫瑰油价值比黄金还要昂贵,故玫瑰有"金花"之称。

种类繁多的玫瑰

玫瑰原产于东方,但如今已遍布全世界,主要出现于温带。原始的品种包括野生玫瑰共有250种不同种类,而混种与变种则有成千上万种。

用　途

玖瑰很香，它是世界上著名的香精原料，人们多用它熏茶、制酒和配制各种甜食品，其价值常比黄金还高。玫瑰入药，其花阴干，有行气、活血、收敛作用，果实中维生素C含量很高，是提取天然维生素C的原料。

"玫瑰之邦"

保加利亚是世界上最大的玫瑰产地，素以"玫瑰之邦"闻名。玫瑰是保加利亚的国家象征，那里种植的玫瑰有上百种。保加利亚所产的玫瑰油质地纯正、香气浓郁，最高年产量为2吨，出口量一直居世界第一位。

玫瑰与月季

玫瑰与月季是姐妹花，长得活像双胞胎，花形花色也很近，不同点是玫瑰叶皱而有刺，月季无刺而叶平，月季常开，玫瑰每年仅开两三度。

知识小笔记

古希腊神话中，玫瑰是从垂死的美少年阿多尼斯的鲜血中生长出来的，因为阿多尼斯是爱与美的女神阿芙洛狄特爱恋的对象，所以，玫瑰成了爱情的象征。

蓝玫瑰

玫瑰在自然界中并没有蓝色，于是有人采用特殊染色剂将白玫瑰染成蓝玫瑰，其后有关机构耗巨资在玫瑰基因中植入能刺激蓝色素产生的基因，从而得到可自然呈现蓝色的新玫瑰。

云裳仙子——百合

百合花姿雅致,叶片青翠娟秀,茎干亭亭玉立,是名贵的切花新秀,是一种从古到今都受人喜爱的世界名花。

美丽的云裳仙子

百合花植株挺立,叶似翠竹,沿茎轮生,花色洁白,状如喇叭,姿态异常优美,能散发出隐隐幽香,被人誉为"云裳仙子"。

知识小笔记

百合花的花名是为了纪念圣母玛利亚,自古以来圣母就被基督教视为清纯的象征,因此它的花语就是纯洁。

生长习性

百合花为短日照植物,喜温暖湿润和阳光充足环境。较耐寒,怕高温、高湿度。百合花适宜肥沃疏松、排水良好的土壤,对腐殖质要求不太高。

药用价值

百合具有较高的营养成分，又具有较高的药用价值。百合有润肺止咳、清心安神、补中益气之功能，能治咳唾痰血、虚烦、神志恍惚、脚气浮肿等症。

百年好合

百合的种头是由近百块鳞片抱合而成，古人视为"百年好合""百事合意"的吉兆。故历来许多情侣在举行婚礼时都要用百合来做新娘的捧花。除了这种好预兆之外，它那副端庄淡雅的芳容确实十分可人。

香水百合

香水百合属于人工培育的百合花品种，号称是百合中的女王，它的茎直立，水平开花，花大，香气袭人，主要颜色是白色，但已培育出多种其他颜色，有粉、黄、红等，自然花期为夏季。

香草之后——薰衣草

在蓝天的映衬下，一整片的薰衣草田宛如深紫色的波浪在风中层层叠叠地上下起伏着，花香四溢……薰衣草，这种被称为"香草之后"的紫色小花，一直受到世界人们的喜爱和关注。

分布地点

薰衣草原产于地中海沿岸、欧洲各地及大洋洲列岛，后被广泛栽种于英国及南斯拉夫，现美国的田纳西州、日本的北海道也有大量种植。我国新疆的天山北麓也是薰衣草种植基地，号称中国的薰衣草之乡，新疆的薰衣草已列入世界八大知名品种之一。

香气逼人的花朵

薰衣草是多年生草本或小矮灌木，虽称为草，实际是一种紫蓝色小花。有蓝、深紫、粉红、白等色，常见的为紫蓝色，全株略带木头甜味的清淡香气，因花、叶和茎上的绒毛均藏有油腺，轻轻碰触油腺即破裂，会释出香味。

▲ 薰衣草的花

芳香药草

薰衣草有"芳香药草"之美誉，它适合任何皮肤，可以促进细胞再生，加速伤口愈合，改善粉刺、湿疹，平衡皮脂分泌，对烧烫灼晒伤有奇效，还能抑制细菌、减少疤痕。

生活习性

薰衣草易栽培，喜阳光，耐热，耐旱，极耐寒，耐瘠薄，抗盐碱，栽培的场所需日照充足，通风良好。

知识小笔记

法国南部的小镇普罗旺斯是世界上最著名的薰衣草种植基地。在这里，薰衣草花田一年四季都有着截然不同的景观。

工艺价值

薰衣草自然高温晾干的紫蓝色干花穗是做香包、香囊等高级工艺品的原料。用干花穗粒制作的香薰工艺品放在卧室、客厅，能有效去除空气中刺鼻辣眼的毒气味，让人置身于花草植物的幽幽芳香之中，给衣物薰香还能起防虫、防蛀的良好效果。

伟大母爱——康乃馨

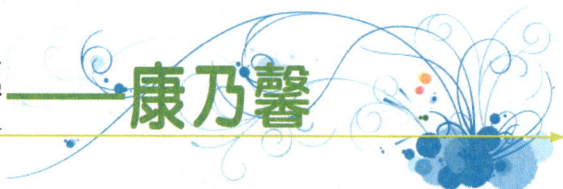

康乃馨又叫香石竹,为石竹科石竹属的植物,分布于欧洲温带以及中国大陆的福建、湖北等地,原产于地中海地区,是目前世界上应用最普遍的花卉之一。

美丽如绢

康乃馨在温室栽培可四季开花,花直径 5 ~ 10 厘米,花色鲜艳,有白、红、桃红、桔黄、紫及杂色。花瓣如绢,镶边叠褶,匀称地包卷在筒状的花萼之内,有宜人的香味。

知识小笔记

康乃馨深受世界各国人民喜爱,是意大利、波兰、洪都拉斯和摩纳哥等国的国花。

理想栽培

康乃馨理想的栽培是夏季凉爽、湿度低,冬季温暖的地区。适宜在空气相对干燥、通风的环境中生长。需要选择阳光充足、通风的场所以及疏松肥沃、含丰富腐殖质的土壤。

母亲节之花

康乃馨大部分代表了爱、魅力和尊敬之情，红色代表了爱和关怀。粉红色康乃馨传说是圣母玛利亚看到耶稣受到苦难流下伤心的泪水，眼泪掉下的地方就长出来康乃馨，因此粉红康乃馨成为了不朽的母爱的象征。

四季康乃馨

四季康乃馨植株高大，花茎强韧，花大重瓣，一般为温室栽培，切花多用此类品种。还可按花色分为大红类品种、紫色类品种、肉色类品种，也可按花茎上花朵大小和数目分为大花香石竹和散枝香石竹两类。

用　途

康乃馨是优异的切花品种，花色娇艳，有芳香，花期长，适用于各种插花需求，可做花篮、花束、花盘、花瓶及胸花，花朵还可提取香精。

清香袭人——茉莉

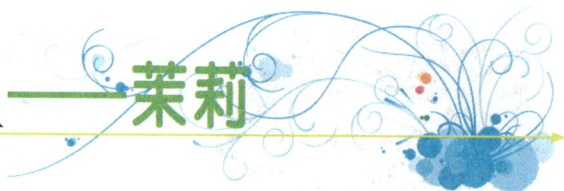

花园中的百花姹紫嫣红，姿态万千，芳香四溢。其中有一个品种姿压群芳，栽培悠久，广受大众喜爱，它就是大家耳熟能详的名花——茉莉。

芳香的花朵

茉莉花为木樨科植物，常绿小灌木或藤本状灌木，高可达 1 米。一枝通常有三朵花，有时多，花朵为白色，发出淡淡的芳香，花期较长，可以从初夏一直持续到深秋。

种类繁多

茉莉原产于印度、阿拉伯一带，中心产区在波斯湾，现广泛种植于亚热带地区。茉莉花大约有 200 个品种，主要有单瓣茉莉、双瓣茉莉和多瓣茉莉，其中双瓣茉莉是中国大面积栽培的主要品种。

🌸广泛的用途

茱莉花多用盆栽，点缀室容，清雅宜人，还可加工成花环等装饰品。另外，茱莉花清香四溢，能够提取茱莉油，是制造香精的原料，茱莉油的身价很高，相当于黄金的价格。茱莉花、叶、根均可入药。

▶茱莉花茶

🌸生活习性

茱莉花喜温暖湿润的环境，在通风良好、半阴环境生长最好。土壤以含有大量腐殖质的微酸性沙质土壤最适合，大多数品种畏寒、畏旱，不耐霜冻、湿涝和碱土。

🌸茱莉花茶

茱莉花的花瓣可用来制作茱莉花茶，气味芳香。多饮用可安定情绪、消除神经紧张、去除口臭、提神解乏、润肠通便、美容、明目，还有防治腹痛、慢性胃炎的功效。

🌿知识小笔记🌿

希腊首都雅典称为茱莉花城；泰国人把茱莉花作为母亲的象征；美国的南卡罗来纳州定茱莉花为州花。

纯真无邪——丁香

丁香花因其具有独特的芳香、硕大繁茂之花序、优雅而调和的花色、丰满而秀丽的姿态，在观赏花木中久负盛名，如今已成为国内外园林中不可缺少的花木。

美丽的花朵

丁香为落叶灌木或小乔木，花冠细小，呈漏斗状，具有深浅不同的 4 裂片，花序硕大，开花繁茂，花色淡雅、芳香，有白色、紫色、紫红及蓝紫色等。

知识小笔记

奔巴岛与它的"姐妹岛"桑给巴尔岛所产的丁香总量，占国际市场的 80%，丁香的产值占当地政府总收入的 96% 以上。

品种繁多

丁香花原产欧洲和我国。据统计，世界上丁香花品种约有 28 种，我国就占 23 种，主要分布在华北、东北、西北及长江流域。主要品种及变种有白丁香、紫丁香、佛手丁香、小叶丁香等。

🌸 经济价值

　　丁香的经济价值很高，是一种名贵香料和药材，具有杀菌和止痛的功效。从丁香中提取的丁香油，不仅是食品、香烟等的调配料，还是高级化妆品的主要原料。

🌼 生活习性

　　丁香性喜阳光，稍耐阴，耐寒性强，也耐旱，喜湿润，抗逆性强，对土壤要求不严，但适生于肥沃、疏松、排水良好的土壤中，切忌栽于低洼阴湿处。

† 白丁香花

🌸 丁香之岛

　　坦桑尼亚有一个叫奔巴岛的地方，虽然其面积不过 980 平方千米，却生长着 360 万株丁香树，成为举世闻名的"丁香之岛"，这里被人称为"世界上最香的地方"。

青少年成长必读·科学真奇妙丛书

奇异的植物天地